# 建设工程实用绿色建筑材料

伍卫东　唐文坚　兰道银　主编

中国环境出版集团・北京

**图书在版编目（CIP）数据**

建设工程实用绿色建筑材料/伍卫东，唐文坚，兰道银主编. —北京：中国环境出版集团，2013.6（2023.9 重印）

ISBN 978-7-5111-1485-3

Ⅰ. ①建… Ⅱ. ①伍…②唐…③兰… Ⅲ. ①建筑材料—无污染技术 Ⅳ. ①TU5

中国版本图书馆 CIP 数据核字（2013）第 126197 号

**出 版 人** 武德凯
**责任编辑** 易 萌
**责任校对** 尹 芳
**封面设计** 金 喆

---

**出版发行** 中国环境出版集团
（100062 北京市东城区广渠门内大街 16 号）
网 址：http://www.cesp.com.cn
电子邮箱：bjgl@cesp.com.cn
联系电话：010-67112765（编辑管理部）
010-67112739（第三分社）
发行热线：010-67125803，010-67113405（传真）

**印 刷** 北京建宏印刷有限公司
**经 销** 各地新华书店
**版 次** 2013 年 6 月第 1 版
**印 次** 2023 年 9 月第 7 次印刷
**开 本** 787×1092 1/16
**印 张** 10
**字 数** 180 千字
**定 价** 35.00 元

---

# 出版说明

随着国民经济的快速发展，我国建材工业在近 30 年实现了跨越式的发展，水泥、玻璃、钢筋等主要建筑材料产量已多年位居世界第一，大量生产带来的原料的消耗及对环境产生的影响也成为我国建材工业发展亟待解决的问题。传统的建筑材料的发展越来越受到能源和环保等因素的制约。

20 世纪 90 年代初，学者们提出了绿色建材的概念，即低消耗、低能耗、轻污染、多功能、可循环利用的建筑材料。我国工业和信息化部发布的建材工业“十二五”发展规划指出，“十二五”期间我国将重点开发和推广绿色建筑材料。为增进广大工程人员对绿色建筑材料种类和应用等方面的了解，倡导“绿色”概念和理念，特别编写了本书。

《建设工程实用绿色建筑材料》系统地介绍了绿色建筑材料的发展历程、测试方法、种类等内容，全书共分为八章，第一章阐述绿色建材的发展与趋势，第二章介绍绿色建筑材料的测试与评价方法，第三章介绍传统建筑材料的绿色化，第四至第七章分别介绍了绿色墙体材料、绿色保温隔热材料、绿色防水材料、绿色装饰装修材料的性能和使用，第八章对绿色施工管理做了简要的介绍。全书紧扣实用主题，对各种绿色建筑材料的生产、使用进行了详尽的介绍，适合用于施工现场工程人员培训。

本节中出现或提及部分的产品、生产商仅为方便读者更直观地了解绿色建材，本书未作使用推荐，特此说明。

在本书编审工作中得到了贵州省建设教育协会的大力支持。在此谨致以衷心感谢。由于编著水平有限，在本书编写过程中查阅了大量资料，特在此向资料作者表示感谢。书中难免有不足之处，敬请读者在使用过程中给予指正。

# 出版说明

# 目　录

# 第一章　绿色建材产品的发展现状及趋势

20 世纪中后期，国内外对于绿色建材的认识、研究及应用开始起步，近 20 多年才引起足够的重视。我国关于绿色建材产品的发展落后于西方国家，国外对于绿色建材产品的研究、推广使用相对成熟，而我国属于起步阶段。但是，推进绿色建材产品的推广使用是全世界共同的趋势。

## 第一节　绿色建材的基本概念及特征

### 一、绿色建材的起源

建材行业是国民经济中非常重要的基础性行业，已经存在并发展了很长的时间，种类繁多，包括水泥、平板玻璃、陶瓷、墙体材料、石材等。但是，有关于绿色建材的认识、研究却是近几十年才开始的。

20 世纪 70 年代末，欧洲一些发达国家的科学家开始着手研究建筑材料释放的气体对室内空气的影响和对人体健康的危害程度，瑞典、丹麦等国家的科学家发现长期滞留在室内的人会出现头痛、乏力、记忆力衰退等症状与建筑物中存在的有机挥发物有关。并把这些症状称为“有病建筑综合征”。科学家们从室内空气中检测出了 500 多种有机物，其中有 20 余种是致癌物质或者是致突变物。这一发现引起了人们高度的重视以及建筑材料对人类健康影响的思考。加上近几十年，全球环境保护、可持续发展思想的普及，人们开始考虑建筑材料是否符合环境友好、节能等。因此，渐渐地开始有了关于绿色建材的说法。

德国是世界上最早推行环境标志制度的国家，20 世纪 70 年代末发布了第一个环境标志——“蓝天使”（见图 1-1）。德国开发的“蓝天使”标志的建材产品，侧重于从对环境危害大的产品入手，一个一个的推进，取得了很好的环境效益。如推出一种对人体无害的无毒、无味的水性建筑材料，在获得“蓝天使”标志后，就可以很快占据市场，使传统的溶剂型建筑涂料逐渐被淘汰，其环境效益相当明显，仅原西德每年就少排放有机溶剂40 000 t。德国政府把这一成绩归功于给水性建筑涂料颁发了环境标志。带有“蓝天使”标志的建材产品价格一般都高于通常的同类建材产品，但很受青睐，说明人们意识到“绿色建材”对于人们健康及环境的重要性。目前已有80种产品类别的10 000个产品和服务获得了“蓝天使”标志。

图 1-1 “蓝天使”标志

## 二、绿色建材的基本概念

绿色建材是指采用清洁的生产技术、少用天然资源和能源、大量利用工业或城市废弃物生产的无污染、无毒害、无放射性、有利于保护人体健康和环境的建筑材料，它具有消声、消磁、调光、调温、防火、隔热、抗静电等性能。在国外，绿色建材早已在建筑、装饰施工中得到广泛使用，在国内它只作为一个概念刚开始被大众所认识。中国目前已研发出的绿色建材包括水泥、玻璃、陶瓷、石膏板、复合地板、管材、地毯、涂料、壁纸等。如防霉壁纸，经过一定化学处理，排除了发霉、起泡滋生霉菌的现象。环保型内外墙乳胶漆不仅无味、无污染，又能散发香味，并且可以洗涤、复刷等。环保地毯既能防腐蚀、防虫蛀，还具有防止引燃的作用。复合型地板是天然木材经表面处理而制成，具有防蛀、防腐、防霉、防燃、不变形等特点。总而言之，绿色建材是一种无污染、不会对人体造成伤害的装饰材料，不仅有利于人的身体健康，还能减轻对地球的环境负荷。

## 三、绿色建材的定义及基本特征

绿色建材是一个内涵丰富的概念，有关于绿色建材的研究在我国尚处于起步阶段。1998年，国际材料科学研究会首次提出绿色建材的概念，1992年国际学术界将绿色材料定义为“在原材料采取、产品制造、使用或者再循环以及废料处理等环节中对地球负荷为最小和有利于人类健康的材料”。我国在1999年首届全国绿色建材与应用研讨会上，与会专家学者提出绿色建材（Green Building Materials）是指采用清洁的生产技术，不用或少用天然资源及能源，大量使用工农业或城市废弃物生产的无毒害、无污染、无放射性的，达到使用周期后可回收利用，有利于环境保护和人体健康的建筑材料。因此，绿色建材又称生态建材、环保建材和健康建材，指健康型、环保型、安全型的建筑材料。并不是指单独的建材产品，而是对建材“健康、环保、安全”品性的评价（当然，随着绿色建材的发展以及绿色建材技术的进步，有关于“绿色”的概念和内容也在不断地丰富和完善，还出现了有关于节能等的评价和思考）。它注重于建材对于人们身体健康以及对环境所造成的影响。目前，不管是我国还是国际对于绿色建材还没有一个统一的、权威的定义。

与传统建筑材料相比，绿色建材主要具有以下特征：

（1）低消耗。尽可能少地采用天然资源作为生产原材料，大量使用尾矿、垃圾、废渣、废液等废弃物。

（2）低能耗。运用低能耗的制造工艺和不污染环境的生产技术，节能高效。

（3）轻污染。在产品生产或配制过程中，不使用卤化物溶剂、甲醛及芳香族碳氢化合物。产品不得用含铬、铅及其化合物作为原料或添加剂，不得含有汞及其化合物。更少量的废渣、废水和废气的排放。

（4）多功能。产品的设计是以改善居住生活环境，提高生活质量为宗旨，即产品不仅不能损害人体健康，还应有益于人体健康，具有多功能化，如灭菌、抗菌、除臭、防霉、隔热、阻燃、调温、调湿、防射线等。

（5）可循环利用。产品废弃后，可回收或循环利用，不会产生污染环境的废弃物。

## 四、绿色建材的分类

根据绿色建材的特点，可以大致分为5类（表1-1）。

**表1-1　绿色建材的分类**

| 类　型 | 特　点 |
|---|---|
| 节省能源和资源型 | 在生产过程中，能够明显地降低对传统能源和资源的消耗的产品 |
| 环保利废型 | 利用新工艺、新技术，对其他工业生产的废弃物或经过无害化处理的人类生活垃圾加以利用而生产出的建材产品 |
| 特殊环境型 | 能够适应恶劣环境需要的特殊功能的建材产品 |
| 安全舒适型 | 具有轻质、高强、保温、隔热、防火、防水、调光、调温等性能的建材产品 |
| 保健功能型 | 具有保护和促进人类健康功能的建材产品 |

不同类型的绿色建材因其不同的特点，具有不同的使用意义。对于节省能源与资源型绿色建材，因其节省能源与资源，使得有限的资源与能源得以延长使用年限。这本身就对生态环境作出贡献，同时降低能源和资源的消耗，即降低了对生态环境污染的产物的量，从而减少治理的工作量，符合可持续发展的战略要求。生产中常使用免烧和低温合成的方法，以及提高热效率、降低热损失和充分利用原材料等新工艺、新技术和新设备，或者采用新研发的原材料和新清洁能源来生产产品。环保利废型主要是使用工业废渣或生活垃圾生产水泥，利用电厂粉煤灰等工业废弃物生产墙体材料等。特殊环境型产品一般具有高强、抗腐蚀、耐久性好等特点，能够使用于海洋、沙漠、地下、沼泽、江河等特殊环境。产品寿命的延长和功能的改善，对资源的节省和对环境的改善，本身就是“绿色”的表现。安全舒适型，这种产品主要适用于室内装饰装修，不仅考虑到建材产品的建筑结构和装饰性能，更是从人的角度出发，同时兼顾安全舒适方面的性能。保健功能型建材具有消毒、灭菌、防霉、防臭、防辐射、吸附二氧化碳等对人体有害气体等功能。当然，在条件、技术允许的情况下，我们希望生产的绿色建材能够同时具备多个功能、特点，能够更好地为人们的健康服务，为维护生态环境作贡献。

也有人根据绿色建材不同的特点以及从不同角度考虑，将其进行不同的分类。例如，将其分为：

（1）气环境材料——净化空气材料。

（2）水环境材料——净化水材料。

（3）地环境材料——改良土地、利用废渣。

（4）循环材料——零排放废渣、废水和废气。

（5）保健环境材料。

## 第二节　绿色建材发展现状

传统的建筑材料对生态环境造成严重的破坏，不符合可持续发展的要求，只有加强开发和应用绿色建材，才能实现建筑材料工业的可持续发展，实现人类的可持续发展。因此，绿色建材是21世纪建材行业的发展方向，是各国正在努力开发并积极推广的。

## 一、绿色建材在国内外的发展

在 20 世纪 70 年代，一些发达国家开始关注绿色建材。近二三十年来，欧、美、日等工业发达地区和国家非常重视绿色建材的发展。在 1992 年联合国环境与发展大会召开后，1994 年联合国又增设了“可持续产品开发”工作组。随后，国际标准化机构（ISO）也开始讨论制定环境调和制品（ECP）的标准，这些都很好地推动着绿色建材的发展。特别是 90 年代后，绿色建材的发展速度明显加快，他们制订出了有机挥发物（VOC）散发量的试验方法，规定了一些绿色建材的性能标准，对一些建材制品开始推行低散发量标志认证，并积极开发新的绿色建材产品。在提倡和发展绿色建材的基础上，一些国家建成了居住或办公用健康建筑样板，取得了良好的技术经济效果，受到了很好的评价和欢迎。

丹麦、瑞典、冰岛、挪威、芬兰等国于 1989 年实施了统一的北欧环境标志。其中，丹麦是世界上实施健康住宅工程较早的国家，早在 1984 年，就在 Arhus 市建成了“非过敏住宅建筑”示范工程。此外，为了促进绿色建材的发展，制定了“健康建材”（HMB）标准，规定所出售的建材产品除了在使用说明书上标出产品质量标准外，还必须标出健康指标。1992 年开始制定建筑材料室内空气浓度（DICL）指标值，提出挥发性有机化合物空气残留含量小于 0.2 $mg/m^3$ 时，为无刺激或无不适；0.2～0.3 $mg/m^3$ 时，在其他因素共同作用下，可能会出现刺激和不适；在 3～25 $mg/m^3$ 时，出现刺激和不适，并可能伴随头痛。随后制定了地毯、地毯衬垫、玻璃棉、矿棉、石膏板、金属板等建材制品室内空气浓度标准。门、折叠门、镶木地板、层合地板、PVC 卷材地板、窗户等的有关标准尚在制定中。

加拿大是北美积极推动和发展绿色建材的国家。加拿大的环境标志计划“环境选择”始于 1998 年，1993 年 3 月颁布了第一个产品标志，至今已有多个类别的近 1 000 种产品被授予了环境标志。加拿大对部分建材产品制定了“住宅室内空气质量指南”。如对水性建筑涂料，开始制定的总有机挥发物（TVOC）标准为 250 g/L，到 1997 年已调至 200 g/L，现在多数水性涂料的 TVOC 在 100～150 g/L，且已出售零 TVOC 涂料。并且规定水性涂料不得使用甲醛、卤化物溶剂、含芳香族类碳氢化合物，不得用汞、镉、铅和铬及其化合物为颜料和添加剂。加拿大正在致力于健康住宅示范工程的建造。此外，美国也是较早提出环境标志制度的国家，但均由地方组织实施，尚无国家统一的标志。

日本也非常重视绿色建材的发展。日本于 1988 年开展环境标志工作，在 1999 年已有 2 500 多种环保产品。1993 年日本科技厅制订并推广了“环境调和材料研究计划”，提出了环境产业设想并成立了环境调查和产品调整委员会。近年来，在绿色建材产品研究和开发以及健康住宅样板工程的兴建等方面都获得了成果。如秩父-小野田水泥（株）已建成了日产 50 t 生态水泥的实验生产线；日本东陶公司成功研制出可有效地抑制杂菌繁殖和防止霉变的保健型瓷砖；日本铃木产业公司开发出具有调节湿度功能和防止壁面发霉的壁砖和可净化空气的预制板等。

我国是世界上建筑材料生产和消费第一大国，许多基础建筑材料（如水泥、玻璃、建筑陶瓷等）的产量和消耗均为世界第一。但是必须认识到我国建材工业的发展在很大程度上是以能源、资源的过度消耗和环境污染为代价实现的。

我国的环境标志是在 1993 年 10 月公布的。1994 年 5 月 17 日中国环境标志产品认证委员会在北京宣告成立。1994 年在 6 类 18 种产品中首先实行环境标志，水性涂料是建材第一批实行环境标志的产品。1998 年 5 月，科技部、自然基金委员会和“863”计划新材料专家组联合召开了“生态环境材料讨论会”，确定生态环境材料（即绿色材料）应是同时具有满意的使用性能和优良的环境协调性，并能够改善环境的材料。1999 年 5 月，在“首届全国绿色建材应用研讨会”上提出了绿色建材的内涵和定义。绿色建材的概念虽提出较晚，但由于得到国家和地方政府的重视，借鉴了国外成功经验与先进技术以及对生态与环境资源的重新认识，发展速度较快。用高新技术改造传统建材产业，大力发展节能降耗、无毒、无污染、无害、无潜在隐患（如不含气体缓释物、阻燃、低燃烟指数）、废弃物可循环再生使用等的绿色建材正是现在各高校、研究所以及企业积极研究的重点。

## 二、绿色建材产品生产及应用现状

### （一）绿色建材产品的研发及生产情况

发达国家如美国、日本及西欧等对于绿色建材的研究开始得比较早，已经投入了大量的资金及资源研究及开发绿色建材，取得了很好的成果。国际上大型的建材生产企业对于绿色建材的研发生产给予了高度重视，并积极进行相应的工作，不仅要求建材产品具有实用功能和外观美观，更强调对于人体、环境无毒害，无污染，性能属于健康型和环保型。

绿色建材的种类已由最初的地毯、胶黏剂、涂料等逐渐发展到吊顶、门窗、墙体等制品，并将逐步全面取代传统建材产品。国外的绿色建材发展得较早，技术较为完善，推广应用较为普遍，下面重点介绍国外开发及生产的绿色建材产品。

### 1. 采用城市或工业固态废弃物生产绿色建材产品

（1）利用废弃物贝壳制成的室内喷涂材料。日本查浮劳斯公司成功利用水产养殖业的废弃物贝壳研制出高级室内装饰用喷涂材料。这种材料不仅废物利用，而且采用天然物质，无毒、不污染环境，还具有通气性能好、易施工、美观等特点。

（2）污泥焚烧灰加工合成石料。日本一公司先将污泥焚烧成灰，然后与二氧化硅、氧化铝与石膏混合，在高温下熔融、出气，再冷却生成非晶态的玻璃状石料，最后再重新加热生成石料。这种石料的翘曲强度及压缩强度比大理石都大，具有优良的性能。

（3）将废塑料生产成木塑制品。主要是先将废弃塑料压碎，然后混合加热，再加入特定的添加剂，加工成型制成仿木材制品。不仅外观、强度、耐用性等方面可与木材相比，而且产品还可以回收再利用。

（4）用橡胶合成屋面材料。加拿大一公司已经开发出了用废弃的橡胶制品生产新型屋面材料的技术。这种利用废弃橡胶合成的屋面材料不仅质轻，而且耐久，具有百年的使用寿命，远远超出了现在使用的最高工业标准。这种新型建材的原料取自废弃的橡胶等聚合物，此外这种屋面材料可以回收利用，安装方便，具有良好的抗紫外线照射和耐霜冻特性，在水中完全浸泡 72 h 以后也不会吸收一点水分，还具有很好的绝热和隔声性能等。在加拿大、北美和英国已经有不少建筑使用了该屋面材料。

（5）塑料柏油。芬兰一塑料板公司，成功将塑料液化技术应用到塑料垃圾的再生利用。采用这种技术在将塑料垃圾液化的时候不必对垃圾进行严格的分类和清洗。利用这种技术液化的塑料不仅具有良好的伸缩性，而且耐寒、耐震，造价低廉。可作为沥青的替代品用于铺设马路，因此称为“塑料柏油”。

### 2. 采用高新技术制作，有益于人体健康、多功能的绿色建材产品

（1）保健型瓷砖。这种瓷砖主要是采用光催化技术，在瓷砖的表面制成一层具有抗菌作用的膜，这层膜不仅可以有效地抑制杂菌的繁殖，还防止霉变的发生。这样的保健型瓷砖，特别适合用于医院、食品店、食品厂以及厨房、浴室、卫生间等的装饰。

（2）可调节室内湿度的壁砖。主要是指多孔构造的可吸收及释放空气水分的可调节湿度性能的壁砖。其中，由日本铃木产业公司生产的该壁砖可在气温 20℃、湿度 80%的环境下，保持房间湿度为60%，其吸收并释放出湿气的能力是木材的好几倍。假如屋子里面贴了这种壁砖，就可以在潮湿的季节避免壁面出现水珠或生霉。

（3）净化空气的预制板。一种表面涂有含氧化钛涂层的建筑用混凝土预制板。氧化钛涂层在阳光的照射下经化学反应可以清除空气中的有害物质，实验结果证明，可以清除空气中 80%左右的氮氧化物。

（4）抗菌自洁玻璃。指不需要擦洗的抗菌自清洁玻璃。它是运用镀膜技术在玻璃表面镀上一层二氧化钛薄膜，这层薄膜在阳光照射下，特别是紫外线的照射下，能自发分解出自由移动的电子，并留下带正电的空穴。空穴可以将空气中的氧激活成活性氧，这种活性氧能将大多数病毒及病菌杀死，它还同时能将许多有害的物质以及油污等有机物分解，从而实现消毒和玻璃表面的自清洁。如使用于室内，还可以有效地消除室内的烟味、臭味以及人体的异味等。

（5）凉爽型节能玻璃。主要是指能够大量反射红外线的玻璃。日本研究发现，夏季建筑物内有 70%左右的热量是由窗户进入的。由此想到研发凉爽型节能玻璃，可将阳光中 50%以上的红外线反射走，这既不影响室内的采光，又可大幅降低伴随阳光进入的热能，这样就可以减少空调的耗电量，达到凉爽节能的效果。另外，这种玻璃在冬天还可以用作温暖型节能玻璃，因为它可以减少室内取暖设备产生的红外线辐射到室外。

当然，我国这些年也开发出一些具有特殊功能的绿色建材，如龙牌纳米涂料、稀土激活纳米无机抗菌空气净化建筑内墙涂料、Low-E 玻璃等。目前我国在绿色建材的生产及应用主要集中于混凝土技术的绿色高性能化，墙体材料的绿色化以及装饰材料的绿色化。有些绿色建材产品虽然已经研发出来，但由于技术不成熟，成本高等问题，仍然得不到大规模的推广应用。

### （二）绿色建材在建筑中的应用

国外绿色建材在建筑中的一些应用情况如下：

#### 1. 德国

德国柏林建造的生态办公室，在大楼的正面安装了一个造价不比玻璃幕墙贵的太阳能电池来替代玻璃幕墙，这样就可以大量收集能量。大楼的屋顶设有储水设备，可收集和存储雨水，储存的雨水用于浇灌屋顶的草地，然后从草地渗透下去的水又流回储存器，用于冲洗大楼的厕所马桶。楼顶的草地和储水器能改善大楼周围的气候，减少楼内温度的波动。

此外，还有零能量住房。是指通过大量收集太阳能辐射，100%依靠太阳能提供能量的住宅，可以不需要电、煤气、木材或煤，这样就不需要烟囱及取暖炉，也不会产生有害的废气，还能保持环境空气清新。其墙面采用新型的储热能力良好的灰砂砖、隔热材料和装饰材料组成。当阳光透过保温材料时，大量的热量在灰砂砖墙中储存起来，夜间就可以释放出来，不需要另外的取暖设备。

### 2. 日本

日本在健康住宅样板的开发使用方面取得了很好的成果。

例如环境生态高层住宅。九州市建成的环境生态高层住宅是按照日本建设省提出的省能源、减垃圾的“日本环境生态住宅地方标准”建造的，是综合利用自然环境的一种尝试。这种住宅，由风车提供电力，太阳能加热热水（即住宅内的居民所用的热水不需要用煤加热，而是由太阳能集热器加热。这种集热器即使在下雨天，也能将水加热到55 ℃左右）。此外，每户家庭的阳台上都装有垃圾处理机，可将生活垃圾处理转化为植物的肥料。公寓外的停车场地面是一种具有良好透水性能的混凝土，使雨水存留在地下，与停车场内的树林形成供水循环系统。在大楼前，装有风车，可以发电作为公共场所照明的辅助电源。根据测算，每个住户每年可以节约约 57 000 日元的空调电费和煤气费。

### 3. 美国

资源保护屋。美国一家建筑公司，用回收的垃圾建造房屋，保护环境，节省资源，开创解决未来住宅的新创举。用回收的垃圾废物建造房屋，确实让人感到神奇，这种房屋被命名为“资源保护屋”，俗称“垃圾屋”。他们在 360 $m^2$ 的地面上，建造了四间居室，两间浴室以及可以停放两部汽车的车库，室内配备陈设齐全。房屋构架初看起来似乎很简单，就是从破旧的汽车及桥梁中回收的钢材，外饰是由锯末及碎木加上一定量的聚乙烯制作而成。这样的构架不但减少天然木材的使用，也不怕白蚁，房屋更加的坚固安全。在建房时，可就地回收 65%的金属、纸板、木材废物等，较好地实现了废物综合利用和环境保护。由于实用经济可行，这家公司获得全美年度住宅风格奖。

## 三、绿色建材发展中存在的主要问题

国外有关于绿色建材的研究和应用起步较早，发展迅速，但同时也存在一些问题，主要体现在：

### 1. 概念不统一

国际上对于绿色建材并没有一个明确的、统一的概念，对于绿色建材的称谓也不统一。在欧美国家称绿色建材为生态有益材料、环境友好材料；在日本叫做环境材料、环境调和型材料、环境协调材料；还有的国家称之为环境材料、健康建材、生态材料、保健建材等。

绿色建材的概念是全世界进一步研究和研发的基础，确立全球统一的绿色建材概念，将有助于绿色建材的发展。只有在明确定义、概念之后，才能分清绿色建材产品应符合哪些标准或指标，应补充和修订哪些国家的标准和规定，从而使绿色建材产品的生产、销售、使用及回收有章可循，有法可依。为此，有必要为绿色建材制定一个具有可操作性符合动态管理模式的定义，作为区分是否是绿色建材的标准。

### 2. 评价体系不统一

目前，国际上还没有一套统一的、完整的、权威的关于绿色建材产品的评价体系。有的国家采用单因子评价体系，有的为复合类评价指标，有的所谓的绿色建材产品只能满足某一方面的绿色标准，这增加了人们选择绿色建材的难度，也不利于绿色建材的推广使用。

### 3. 认证标准不同

既然关于绿色建材的概念与评价体系都不一样，那么认证的标准自然也就不同。由于没有一套统一的、完整的绿色建材认证标准，消费者在购买产品时，也就感到无所适从，这为各国的绿色建材贸易壁垒创造了机会，并不利于经济的发展，也不利于绿色建材的发展与普及应用，更不利于我们的整个生态环境。

以上是整个世界绿色建材存在的发展问题，而我国自身也有自己的发展问题。主要有：

（1）缺乏统一的绿色建材的评价标准。目前我国有些经济发达地区正在着手制定地方性的绿色建材评价标准，如上海已经制定出绿色建材认证标准和认证程序，天津市也制定相关绿色建材评价体系，但由于各地方确立的标准不一致，缺乏全国统一的绿色建材评价标准，阻碍了绿色建材的长远发展。

（2）缺乏统一的绿色建材环境检测与认证研究管理机构。目前我国的检测机构五花八门，技术与质量参差不齐，缺乏统一的绿色建材环境检测与认证研究管理机构，绿色建材产品的质量得不到保证，不利于绿色建材的推广使用。

（3）缺乏专业的绿色建材技术人员和相应的研发资金。

（4）绿色建材产品的质量和技术水平相对于国外发达国家仍处于较低水平。

（5）广大消费者还欠缺对绿色建材的了解。

可以说绿色建材是全球建材发展的趋势，但在我国仍处于起步阶段，其发展任重道远，不仅需要国家相关部门的支持与宣传，制定相关的标准与规定，也需要我们相应研发机构及团队的努力，不断完善和开发更好的绿色建材产品，更需要广大消费者“绿色消费观”的提高。

## 第三节　国内外绿色建材发展的前景

虽然绿色建材行业在我国的起步较晚，发展相对落后，但是绿色建材在我国发展的前景还是大好的，这是多方面因素共同作用的结果。

### 一、国家节能环保政策将推动绿色建材发展

党的十六届三中全会提出了坚持以人为本、全面协调可持续的科学发展观，必然要求加快建筑材料的绿色化进程，鼓励和倡导开发、生产、使用对地球环境负荷相对最小的绿色建材，实现经济效益、社会效益、生态效益的有机统一，推进国民经济和社会的可持续发展。建设资源节约型、环境友好型的小康社会已经逐渐成为全社会的共识。这些年来，我国先后颁布了一系列与绿色建材相关的政策与行业标准，特别是《节能减排综合性工作方案》进一步明确了全国性、阶段性节能减排的目标，并进行了量化，不断要求加快和完善相关节能减排法律体系的建设以及加大监督检查力度，我国的节能工作

正朝着法制性的方向发展。在国家相关法律法规的要求下，在节能环保的政策的推动下，绿色建材行业必将蓬勃发展。

## 二、绿色建材市场空间巨大

### （一）建筑节能带给绿色建材巨大的市场

2013年1月11日国务院转发《绿色建筑行动方案》，该方案对“十二五”期间新建建筑以及既有建筑面积的绿色行动提出了量化目标：“‘十二五’期间，全国完成新建绿色建筑10亿$m^2$；到2015年末，20%的城镇新建建筑达到绿色建筑标准要求。截至2012年9月，取得绿色建筑标志的项目占全国总建筑面积不到1%。预计到2020年，我国用于节能建筑项目的投资或达到1.5万亿元市场空间”。此外，2012年5月公布的《关于加快推动我国绿色建筑发展的实施意见》规定：绿色建筑三星奖励80元/$m^2$，二星45元/$m^2$，具体量化了星级绿色建筑补贴标准。这些都将极大地刺激绿色建材市场发展。

### （二）全民环保意识的提高，将促进绿色建材的需求增长

绿色建材是健康型、环保型、安全型的建筑材料，不仅维护人体健康，还保护环境。随着人们自我保护意识的提高，全民环保意识的增强，以及对于传统建筑材料中有害物质的认识和对绿色建材认知度的逐渐提高，绿色建材的需求量将不断增长，其需求范围也在不断地扩大。

## 三、新技术新工艺的开发为绿色建材的发展提供条件

近些年来，随着国家节能减排的要求，建材行业结构不断进行调整，建材生产过程中落后的技术和工艺逐渐被取消淘汰，创新的、先进的、节能的技术和工艺所占的比例不断增大。

目前，我国新型干法水泥生产技术在预分解窑节能煅烧工艺、大型原材料均化、节能粉磨、自动控制、余热回收和环境保护等方面，从设计到装备制造都已基本达到世界先进水平。固体废弃物利用、原燃料取代、余热发电等技术工艺在节能、减排、降耗方面都作出了巨大贡献。

玻璃行业在一些工艺技术方面也取得了重大突破，打破了国外厂家的垄断。如洛阳

的超厚和超薄浮法玻璃，山东玻璃集团开发的超白玻璃，南方玻璃集团、上海耀华的低辐射玻璃等。大吨位浮法玻璃生产技术、熔窑全保温、富氧助燃、余温发热、烟气脱硫等节能减排技术日趋成熟，并在整个行业得到了推广应用。

随着我国对于绿色建材的不断关注与研究，越来越多先进的新技术新工艺将会开发出来，这些都将为绿色建材的发展提供良好的条件。

## 四、绿色建材应用领域不断拓展

20 世纪 90 年代，我国开始关注并研究绿色建材，虽然起步较晚，但是受到广泛的关注，我国绿色建材产品的研发工作发展迅速，各行业不断推陈出新，开发出各种新产品。如高性能水泥、生态水泥等绿色水泥；绿色高性能混凝土、再生骨料混凝土、环保型混凝土及机敏型混凝土等绿色混凝土；吸热玻璃、热发射玻璃、低辐射玻璃、中空玻璃、真空玻璃等节能玻璃；大量利用工业废渣或建筑垃圾代替部分或全部天然资源的新型墙体材料；可以代替木材的塑木复合材料；还有能降解室内有害物质、抗菌净化空气的新型建筑涂料等。这些新型绿色建材产品的研发出现，使绿色建材的使用领域不断拓展，开始从工程使用逐步进入到我们的日常生活，开始从传统的建筑装饰材料延伸到墙体、灯饰、家电等新领域。

随着人们生活水平的提高，自我保护意识的增强以及科学技术的发展，绿色建材以其优良的生态性能和环境性能而受到人们的关注与青睐，许多国家正在积极开发和推广使用绿色建材，可以预见 21 世纪的建材材料的发展方向必将属于绿色建材。

发达国家开发使用的绿色建材产品早已由初期的涂料、地毯、胶黏剂等小型产品逐步发展到墙体、吊顶、门窗等大件制品。绿色建材逐步取代传统建材是全世界人民共同的愿望和趋势。我们相信绿色建材的发展前景是光明的，其产品必将更加的绿色、多功能化，能更好地满足消费者的要求。

# 第二章　绿色建材的测试与评价方法

## 第一节　绿色建材的认证

### 一、国外绿色建材的认证

20 世纪 70 年代末，一些发达国家的科学家开始着手研究建筑材料释放的气体对室内空气的影响和对人体健康的危害，并注意到了“有病建筑综合征”的存在。这引起了人们的广泛关注，开始要求并提出建材的“健康化”，这促进了绿色建材的研发和发展。为了便于人们更好地认识和识别绿色建材，需要建立一些有关于绿色建材的认证，为此，许多国家开始推出“绿色”标志认证。

#### （一）德国的蓝天使计划

由德国联邦政府内政部长和各州环境保护部部长共同建立，20 世纪 70 年代末发布建立并发布的环境标志——“蓝天使”，是世界上最早的环境标志。德国推出“蓝天使”标志的建材产品主要是从环境危害大的产品入手，逐个推进，取得了良好的环境效益。目前已有 80 种产品类别的 10 000 个产品和服务拥有了蓝天使标志，包括清洁用品、纸制用品、家具、衣服、润滑剂、家具装饰材料等，其中 17%的产品来自国际市场，在国际市场具有很高的市场认知度。

蓝天使计划的主要目的是鼓励生产商发展和供应不会破坏环境的绿色产品，引导消费者购买和使用对环境影响小的产品，将环保标志当做环境政策的一个市场导向工具。“蓝天使”产品出现后，其环境标志就像是一张“绿色通行证”，逐渐受到广大德国人民的欢迎，在保护环境和推进建材绿色化上发挥着重要的作用。并引起其他国家的关注与学习。

### （二）日本的环境标志计划

日本政府积极开展并推进建材产品的绿色化。日本于 1988 年开始开展环境标志工作，其科技厅于 1993 年制订并实施了“环境调和材料研究计划”，通产省提出了环境产业设想并成立了环境调查和产品调整委员会。近年来，日本在绿色建材产品的研发和生产上取得了一定的成果，至今环保产品已经有几千种。并制定了相应的一些标准，如《纳米二氧化钛净化能力测试方法》和《抗菌加工制品——抗菌实验方法和抗菌效果》等。

### （三）美国的环境标志和标准

美国是世界上较早提出环境标志的国家，但是均是由地方组织实施，目前还没有国家统一的环境标志。美国环保局（EPA）开展了“应用于住宅室内空气质量控制研究”计划，部分州已经开始实施有关材料的环境标志计划。虽然对健康建材产品没有做出全国统一的标准要求，但各州市对建材的污染物有严格限制要求，如华盛顿州要求机关办公室室内所用饰面材料和家具在正常条件下 TVOC 含量不得超过 0.5 $mg/m^3$，可吸入的颗粒不得超过 0.05 $mg/m^3$、甲醛不得超过 0.06 $mg/m^3$，2008 年洛杉矶市规定建筑平光涂料的 VOC 含量不得高于 50 g/L。

美国对于环保工作一向很重视，并严格要求，对于那些不符合限定的产品课以重税和罚款。这些促进了绿色建材产品的不断发展和更新，使得绿色建材更加绿色化。

### （四）英国的室内空气质量控制

英国是较早研究开发绿色建材的欧洲国家之一。早在 1991 年英国建筑研究院（BRE）曾对建筑材料及家具等室内用品对室内空气质量产生的有害影响进行了研究。通过对涂料、胶黏剂、密封膏、塑料及其他建筑制品的测试，得到了这些建筑材料不同时间的有机挥发物散发率和散发量。通过大量的研究，提出在相对湿度大于 75%时，可能产生霉菌，并会对某些人诱发过敏症。通过对臭味、霉菌、结露、潮湿、烟气运动、通风速率等的调研、测试和实验，提出了污染物、污染源对室内空气质量的影响状况。对室内空气质量的控制、防治提出了建议，并着手研究开发了一些绿色建筑材料。

### （五）瑞典的地面材料实验计划

瑞典的地面材料业很发达。1992 年，瑞典开始对地面材料施行自愿实验性计划，测量地面材料的化学物质散发量。散发量测量结果由每个厂家在各自的产品上标出，包括 4 周和 26 周的值。此外对于地面物质、清漆和涂料，也在制定类似的标准。

当然，世界上还有很多其他国家也建立了自己的“绿色”标志认证。

## 二、我国建材的绿色认证

### （一）环境标志的使用

环境标志是一种标在产品或其包装上的标签，是产品的证明性商标，它表明该产品不仅质量合格，而且在生产、使用及处理处置过程中符合特定的环境保护要求，与同类产品相比，具有低毒少害、节约资源等环境优势。我国有关于绿色建材的研究起步较晚，其环境标志是 1993 年 10 月公布的。原国家环保局根据环境保护的要求，于 1994 年在 6 类 18 种产品中首先实行环境标志。水性涂料是建材第一批首先实行环境标志的产品。《环境标志产品技术要求　水性涂料》（HJ 2537—2014）的技术要点：（1）产品的性能指标、安全指标应符合各自产品标准要求；（2）产品配制或生产过程中，不得使用甲醛、卤化物溶剂或芳香类碳氢化合物；（3）产品中不得含有汞及其化合物，不得使用铅、镉、铬及其化合物的颜料着色。

### （二）绿色建材认证的种类

#### 1. 强制性产品认证

强制性产品认证，又称 CCC 认证（China Compulsory Certification，CCC，也可简称为“3C”标志），是我国政府为保护广大消费者的人身健康和安全，保护环境、保护国家安全，依照法律法规实施的一种产品评价制度，它要求产品必须符合国家标准和相关技术规范。强制性产品认证，通过制定强制性产品认证的产品目录和强制性产品认证实施规则，对列入目录的产品实施强制性的检测和工厂检查。凡列入强制性产品认证目录内的产品，没有获得指定认证机构颁发的认证证书，没有按规定加施认证标志，一律不得出厂、销售、进口或者在其他经营活动中使用。随着环保意识的提高及绿色建材的发展，2010 年由国家认证认可监督管理委员会强制认可产品已由最初的 19 大类 132 种扩展到 22 大类 159 种，这也可以看出我们国家对于绿色建材的重视与发展。

### 2. 自愿性产品认证

自愿性产品认证是对于强制性产品认证制度管理范围外的产品的认证，生产企业根据自身需要自愿向认证机构提出认证申请，认证机构根据相应标准对产品或产品技术要求是否符合标准进行评定。其中，国家统一推行的自愿性产品认证的基本规范、认证规则、认证标志由国家认监委制定；而属于认证新领域，国家认监委尚未制定认证规则及标志的，经国家认监委批准的认证机构可自行制定认证规则及标志，并报国家认监委备案核查。目前，与建材产品有关的绿色建材认证主要是中国环境标志，还有各建材认证机构自行制定的标志。

中国环境标志认证，俗称十环认证，表明该产品不仅质量合格，而且在生产、使用和处理处置过程中符合特定的环境保护要求，与同类产品相比，具有低毒少害、节约资源等环境优势。该标志（见图 2-1）具有明确的产品技术要求，对产品的各项指标及检测方法进行了明确的规定，已升格为国家环境保护标准。正是由于这个证明性标志，使得消费者易于了解哪些产品有益于环境，并对自身健康无害，便于消费者进行绿色选购。而通过消费者的选择和市场竞争，可以引导企业自觉调整产业结构，采用清洁生产工艺，生产对环境有益的产品，最终达到环境保护与经济协调发展的目的。中国环境标志在认证方式、程序等均按 ISO 14020 系列标准（包括 ISO 14020、ISO 14021、ISO 14024 等）规定的原则和程序实施，与国际通行环境标志计划做法相一致。

图 2-1　中国环境标志

各建材认证机构自行制定的标志主要有：中国建筑材料检验认证中心的 CTC 自愿性标志认证、国建联信认证中心颁发的带有 CNAS 标志的自愿性产品质量认证证书等。

### （三）进行绿色认证的建材产品的种类和数量不断增加

自 1994 年水性涂料等六类产品率先实行中国环境标志起，先后通过认证的建材企业已经超过千家。据有关统计，2007年全年进行Ⅰ型环保初次认证的建材企业近百家，加上换证、年检认证、复评认证等其他认证的企业超过220家，其中水性涂料超过120家，其他行业如塑料门窗、人造板、卫生陶瓷、陶瓷砖等达到了100多家。

目前，中国建筑材料检验认证中心颁发的CTC标志认证范围包括了水泥、玻璃、陶瓷、油漆涂料、人造板、卫浴、防水材料、木地板、木质门、胶黏剂、保温绝热材料、空气净化产品等50多类产品，涉及的产品认证标准约300项，标志种类涉及了环保、健康、节能、节水、质量、安全等。近年来，CTC发证数量不断增长，受理业务不断增多，涉及产品种类不断扩展，这说明进行绿色认证的建材产品的种类和数量在不断增加。

## 第二节　我国有关绿色建材的政策与规范

我国虽然在绿色建材方面起步较晚，但是国家一直都关注绿色建材的发展，并积极推动和发展绿色建材，为此出台了一系列关于绿色建材的政策与规范。本书重点介绍的是有关于绿色建材方面的一些技术政策规范。

### 一、清洁生产政策规范

清洁生产是在工艺、产品、服务中持续地应用整合且预防的环境策略，以增加生态效益和减少对于人类和环境的危害和风险。主要是不断采取改进设计、使用清洁的原料和能源、采用先进的工艺技术与设备、完善管理等措施，从源头削减污染，提高资源与能源的利用率，减免污染物的产生和排放。

清洁生产系列政策规范的出台和实施对于绿色建材的发展有着重要的促进作用。1992年联合国环境规划署首次将清洁生产的理念引入我国。2003年，随着《中华人民共和国清洁生产促进法》的施行，标志着我国清洁生产已经纳入法制轨道，开始步入崭新的阶段。下面主要列举几个相关的重要的政策规范及有关内容。

1996年的《关于环境保护若干问题的决定》：抓紧建立全国主要污染物排放总量指标体系和定期公布的制度，禁止转嫁废物污染等。

1997年的《关于推行清洁生产的若干意见》：对各级环保部门加强清洁生产的宣传、制定经济政策、调整管理制度等方面提出了指导性建议。

1999年的《淘汰落后生产能力、工艺和产品的目录（第一批）》：主要涉及了10个行业共 114 个项目。

2002 年（通过）的《中华人民共和国清洁生产促进法》：提出推行清洁生产财政税收政策，同时定期发布有关清洁生产技术、工艺、设备和产品的导向目录。

2004 年的《清洁生产审核暂行办法》：指出清洁生产审核范围、实施、组织和管理、奖励及处罚等内容。

2007 年的《国家重点行业清洁生产技术导向目录（第三批）》：在前面第一批、第二批的基础上，对钢材、建材、木材等行业的清洁生产内容及效果进行了介绍。

实行清洁生产是绿色建材生产的前提条件，在国家清洁生产政策规范的范围内，建材行业也制定了先关的更加具体的清洁生产标准规范。如：

（1）《水泥行业清洁生产评价指标体系（试行）》：2007 年颁布的该评价指标体系用于评价水泥企业的清洁生产水平，依据综合评价所得分值将企业清洁生产等级划分为两级，指导和推动水泥企业依法实施清洁生产。

（2）《平板玻璃行业　清洁生产评价指标体系》：适用于平板玻璃行业企业的清洁生产审核和清洁生产潜力与机会的判断，以及清洁生产绩效评定和清洁生产绩效公告制度，将清洁生产指标分为六类，即生产工艺及装备指标、资源能源消耗指标、资源综合利用指标、污染物产生指标、产品特征指标、清洁生产管理要求。

（3）《陶瓷行业清洁生产评价指标体系（试行）》：适用于陶瓷行业中的日用陶瓷生产企业、干压陶瓷砖生产企业、卫生陶瓷生产企业，用于评价陶瓷企业的清洁生产水平，为企业推行清洁生产提供技术指导。

## 二、环境标志政策规范

环境标志不仅能帮助消费者辨别绿色建材产品，还能提高消费者的环保意识，也能促进生产企业自觉调整生产，进行绿色建材的研发和生产。我国从 1993 年设立“中国环境标志认证委员会”，开始实行环境标志认证制度。现在，环境标志认证已经涵盖了绿色建材产品。如：

《环境标志产品技术要求　人造板及其制品》（HJ 571—2010）：要求规定了人造板及其制品类（包括地板、墙板、木门等）环境标志产品基本要求、技术内容及检验方法，特别是对甲醛释放量的限值规定。

《环境标志产品技术要求　建筑砌块》（HJ/T 207—2005）：倡导用工业废弃物如稻草、

甘蔗渣、粉煤灰、煤矸石、脱硫石膏等生产建筑砌块，并规定使用的废弃物或工业副产品等的含量应大于 35%，已达到节约资源的目的。

此外，还有《环境标志产品技术要求 水性涂料》（HJ 2537—2014），《环境标志产品技术要求 轻质墙体板材》（HJ/T 223—2005），《环境标志产品技术要求 卫生陶瓷》（HJ/T 296—2006），《环境标志产品技术要求 陶瓷砖》（HJ/T 297—2006），《环境标志产品技术要求 建筑装饰装修工程》（HJ 440—2008），《环境标志产品技术要求 防水涂料》（HJ 457—2009）等。有关于环境标志政策规范不断地丰富和完善。

## 三、节约能源、资源与综合利用的政策规范

我国是建材生产大国，为此每年消耗了大量的能源与资源，并且产生大量的废弃物。如果延续之前粗犷的生产方式，不仅造成资源浪费，而且还会严重破坏生态系统，对于人们的健康也造成威胁，不符合可持续发展的生态观。因此，近年来，我国在节约能源、资源与综合利用方面出台了一系列的政策规范，而建材行业也对应出台了相应的政策规范（见表 2-1，表 2-2）。

表 2-1 建材行业节能政策规范

| 行业 | 政策规范 | 主要内容 |
| --- | --- | --- |
| 水泥 | 《加快农村推广散装水泥指导意见》 | 根据散装水泥从生产到消费的全过程分析，得出水泥散装化可以节约资源、能源，减少粉尘和二氧化碳等温室气体的排放，提出加快推广散装水泥的指导意见 |
| | 《水泥单位产品能源消耗额定标准》 | 对现有的水泥企业、新建水泥企业的水泥单位产品能耗限额和水泥企业水泥单位产品能耗限额目标值进行了设定 |
| 平板玻璃 | 《平板玻璃行业准入条件》 | 对现有的平板玻璃生产线单位产品能耗设定了限额；对于新建或改建的≥500 t/d 的优质浮法玻璃生产线单位产品设定了综合能耗和熔窑能耗。在玻璃企业中采用节能审计等方法，促进企业的节能，推进玻璃熔窑低温余热发电技术等节能技术 |
| 建筑卫生陶瓷 | 《建筑卫生陶瓷单位产品能源消耗限额》 | 规定建筑卫生陶瓷产品单位能源消耗限额及新建企业能源消耗限额准入值，并指出建筑卫生陶瓷单位产品能耗限额先进值 |
| 玻璃纤维 | 《玻璃纤维行业准入标准》 | 提出能耗要求：<br>（1）新建玻璃纤维池窑法拉丝生产线单位能耗≤1t 标煤/t 原丝；<br>（2）改扩建无碱，中碱玻璃球窑必须采用先进的窑炉融制工艺和保温节能技术，其单位能耗分别需要符合≤580kg 标煤/t 球，≤300kg 标煤/t 球 |

表 2-2 建材行业节约资源与综合利用政策规范

| 年份 | 政策规范 | 主要内容 |
|---|---|---|
| 1992 | 《建材工业节约原材料管理办法》 | 节约原材料是指通过技术进步和加强科学管理等各种途径，直接或间接地降低单位产品的原材料消耗，以最小的原材料消耗取得最大的经济效益 |
| 1999 | 《煤矸石综合利用技术政策要点》 | 煤矸石综合利用以大宗量利用为重点，将煤矸石发电、煤矸石建材及制品、复垦回填以及煤矸石山无害化处理等大宗量利用煤矸石技术作为主攻方向，发展高科技含量、高附加值的煤矸石综合利用技术和产品 |
| 2006 | 《再生资源回收管理办法》 | 管理办法中确定了再生资源的具体范围，提出了从事再生资源回收经营活动规则和监督管理办法 |
| 2006 | 《国家鼓励的资源综合利用认定管理办法》 | 指出资源综合利用企业的申报条件和认定内容、申报及认定程序等 |
| 2013 | 《粉煤灰综合利用管理办法》 | 替代原来 1994 年旧的管理办法，进一步界定了粉煤灰和粉煤灰综合利用的概念，提出了综合管理的要求和鼓励扶持重点，并明确了相关管理部门的职责 |

## 四、环保政策规范

我国是建材生产大国，建材工业的环境污染问题一直较为严重，粉尘排放量连续多年位居全国首位，二氧化硫和烟尘排放量位居全国第二。近年来 $PM_{2.5}$ 检测值多次创下新高，而且该问题不断向全国各地蔓延扩展。可以说我国的环境问题已经刻不容缓，为此国家也出台了一系列的政策规范。而作为环境污染一大工业源头——建材行业，也制定了相应的关于水泥、平板玻璃、玻璃纤维、陶瓷和装饰材料行业的污染物排放标准，见表 2-3。

以上内容只是对于绿色建材在技术政策规范方面的一些介绍，当然我国在这一方面的政策规范有很多，且在不断地丰富和完善，积极为绿色建材的发展和推广做努力。特别需要指出的是 2013 年发布的《绿色建筑行动方案》、《关于加强绿色建筑评价标识管理和备案工作的通知》，更加明确了任务目标和具体措施，结合此前的补贴措施以及最新的备案专项调查工作，从更具体的层面，细化了绿色建筑评价标识管理工作。这将极大地推动绿色建材行业在接下来几年的发展。当然，有关于绿色建材的使用和推广，我国也制定了相关经济方面的政策规范，这些都将综合作用于建材行业，有利于绿色建材的不断发展。

表 2-3 建材行业环保政策规范

| 行业 | 政策规范 | 主要内容 |
|---|---|---|
| 水泥 | 《水泥工业大气污染物排放标准》(GB 4915—2013) | 代替了原来 2004 年制定的标准，对部分内容进行了修改，适用范围增加散装水泥中转站，调整现有企业、新建企业大气污染物排放限值，增加适用于重点地区的大气污染物特别排放限值 |
| | 《混凝土外加剂中释放氨的限量》 | 对适用于各类具有室内使用功能建筑混凝土外加剂的氨的释放量进行了范围限定和要求 |
| | 《水泥工业除尘工程技术规范》(HJ 434—2008) | 规定了水泥工业除尘工程设计、施工、验收和运行的技术要求，适用于水泥工业新建、改建、扩建除尘工程从设计、施工到验收、运行的全过程管理和已建除尘工程的运行管理，可作为水泥工业建设项目环境影响评价、环境保护设施设计与施工、建设项目竣工环境保护验收及建成后运行与管理的技术依据 |
| | 《水泥行业准入条件》 | 对项目建设条件与生产线布局、生产线规模、工艺与装备、能源消耗和资源综合利用、环境保护等方面作出了具体的要求和规范 |
| 平板玻璃 | 《平板玻璃工业大气污染物排放标准》(GB 26453—2011) | 规定了平板玻璃制造企业大气污染物排放限值、监测和监控要求，对现有和新建生产线排气筒污染物浓度和产品污染物排放量设定了限值，并做了预处理标准 |
| | 《平板玻璃行业准入条件》 | 规范平板玻璃行业投资行为，防止盲目投资和重复建设，促进结构调整，降低能耗，保护环境，对生产企业布局、工艺与设备、品种和质量、能源消耗作出了相应的规范要求 |
| 玻璃纤维 | 《玻璃纤维行业准入条件（2012 年修订）》 | 规定了大气、排污水和玻璃纤维成分中重金属含量的排放要求，对生产中产生的废液、冷却水和废丝等应回收利用 |
| 陶瓷 | 《陶瓷工业污染物排放标准》(GB 25464—2010) | 规定了陶瓷工业企业的水和大气污染物排放限值、监测和监控要求 |
| 装饰装修材料 | 《室内装饰装修材料有害物质限量》 | 规定人造板及其制品、内墙涂料、胶黏剂、地毯及地毯用胶黏剂、木家具、壁纸、聚氯乙烯卷材料地板等装饰装修材料中有害物质的 10 项强制性国家标准 |

## 第三节 绿色建材评价方法与指标体系

### 一、绿色建材评价体系

自从绿色建材的概念提出后，国内外都十分重视其评价方法、评价体系的研究。由于研究对象、研究目的、研究背景等不尽相同，提出的评价方法、评价体系也各不相同。

工业发达国家从 20 世纪开始就相继建立了建筑的绿色评价体系，作为建筑评价体系的重要组成部分，相应形成了不同形式的建筑材料评价体系。例如有英国的 BREEAM（Building Research Establishment Environmental Assessment Method）、美国的 LEED（Leadership in Energy Environment Design）、加拿大的 GBC（Green Building Challenge）、澳大利亚的 NABERS（National Australian Building Environmental Rating System）、日本的 CASBEE（Comprehensive Assessment System for Building Environmental Efficiency）等。各国评价体系比较见表 2-4。

**表 2-4　各国评价体系比较**

| 评价体系 | 施行国家 | 全寿命周期评价 | 权重体系 | 评价结果等级 |
| --- | --- | --- | --- | --- |
| BREEAM | 英国 | 涵盖英国的生态足迹数据库 | 二级 | 4 个等级 |
| LEED | 美国 | 无 | 一级 | 4 个等级 |
| GBTool | 加拿大等 | 具有多国的数据库 | 四级 | 5 个等级 |
| NABERS | 澳大利亚 | 无 | 一级 | 5 个等级 |
| CASBEE | 日本 | 具有日本全国数据库 | 三级 | 5 个等级 |

可以看出各国的评价体系不尽相同，都存在各自的优缺点，都必须与各国自身的经济、技术发展水平与建筑节能等方面的条件、标准、规范相协调、相适应。

就目前建筑材料环境影响评价的量化方法而言，已提出的评价方法有单因子评价法、环境负荷单位法（ELU）、生态指数法（EI）、环境熵值法（EQ）、生态因子法（ECOI）、生命周期评价法（LCA）等。目前，绿色建材的评价主要采用单因子评价和生命周期评价两种体系。其中，单因子评价方法是根据单一影响因素大小确定建材产品的绿色度，如测量建材生产过程中的废气排放量或废水排放量，评价材料对环境的污染程度，只要其中有一项检测指标不合格就不符合绿色建材的标准。这种评价方法仅凭单一方面的指标，实际上是对绿色建材内涵的狭义理解。虽然采用单因子方法来评价建筑材料的环境影响比较简单可行，而且很多国家采用此办法而推行的环境标志产品计划也在很大程度上促进了绿色建材的发展。但是缺点在于单因子评价主要考虑建筑材料对人体健康的影响，并不能够完全反映其对环境的综合影响，如全球温室效应、能耗、资源效率等，而且有时候用如此多的单项指标比较起来不仅麻烦而且有些指标根本无法平行比较。所以，目前生命周期评价法（LCA）是国际上通行的一种环境影响评价方法。

## 二、LCA 评价法

生命周期评价方法（Life Cycle Assessment，LCA）是一种基于绿色建材的定义之上的环境评价方法。生命周期是指原材料的获得与运输、材料生产、产品制造、施工、使用、回收与报废的全过程。生命周期评价的过程是：首先辨别和量化整个产品生命周期阶段中能量和物质的消耗以及环境释放，然后评价这些消耗和释放对环境的影响，辨识和评价减少这些影响的机会。生命周期评价注重研究系统在生态建康、人类健康和资源消耗领域内的环境影响。LCA 强调从产品或行为活动的全生命周期来整体分析和评价其对环境的冲击和影响，最终寻求改善的方法及措施，是目前国际上一种先进的绿色建筑材料评价方法。

### （一）LCA 评价法的技术框架

LCA 评价方法的技术框架一般包括四部分：目标与范围界定、清单分析、环境影响评估和改进评价。

#### 1. 目标与范围界定

这是 LCA 评价法研究的第一步，也是最关键、最重要的部分。它先确定 LCA 的评价目的和意图，再按照评价的目的确定研究范围。

#### 2. 清单分析

对产品、工艺过程或者活动等研究对象整个生命周期的能源使用以及向环境排放废物等进行定量分析的技术过程。

#### 3. 环境影响评估

对编目分析中的环境影响做定量或是定性的描述和评价。

#### 4. 改进评价

依据一定的评价标准对分析结果和影响评价结果做出评价，识别出产品或活动的薄弱环节和潜在的改善机会，为达到生态最优化目的而提出改进建议。

## （二）LCA 评价法的基本原则

### 1. 先决条件

必须是国家产业政策允许生产的建材产品，且产品必须符合国家或行业制定的有关于绿色建材的基本质量标准。

### 2. 各项评价指标的科学性

建材产品种类繁多，不可能用一个简单的指标来规范，要经过大量的调研，掌握相关信息、资料，分门别类制定实用性和操作性较强的评价指标，指标必须有明确的物理意义，测试方法标准，统计计算方法规范，以保证评价的科学性、真实性和客观性。

### 3. 产品的选择性和适用性

从理论上讲，LCA 评价方法适用于所有建材产品，但是考虑到我国目前绿色建材产品的发展水平，只能选择那些使用范围广、产量大、相关生产技术及检测技术、标准规范成熟的建材产品进行绿色度评价，并逐步过渡到所有的建材产品。

### 4. 产品的动态性和等级制

随着材料科学技术的发展和人们环境意识的提高，绿色建材的评价范围和评价指标也应根据发展的不同阶段相应地发展和完善，同时在各阶段应根据不同地方，针对不同对象及生产水平分成若干等级，便于管理。

## （三）LCA 评价体系的构建

LCA 评价指标体系，是一个由指标层、效果层构成的多层次体系，在该体系中各决策因素各自的属性、重要性程度和可比性各不相同，对各因素属性指标进行评估和度量时，具有很大的不精确性和主观经验性。采用专家打分法确定建材各层次指标所对应的权重系数，通过模糊决策方法构造有关建筑材料绿色度的模糊综合评判模型，最后将此二者进行有机的结合，形成该评价对象的绿色度指标值。权重分配结果需要经过多次评价实践后进一步修正，以适应评价环境影响因素的改变。LCA 评价指标体系主要分为两大部分：第一部分为基本指标体系，第二部分是环境评价体系。第二部分是 LCA 评价体系的重点部分，主要从绿色建材生命周期全过程考虑其对环境以及人体健康的影响来确定各级评价指标。

### （四）LCA 在绿色建材评价中的应用

LCA 作为一种全过程的环境影响评价，已经广泛应用于建材行业。在绿色建材评价时，应注意以下几个方面：

#### 1. 标准产品的选定

在对一个产品进行 LCA 评价时，要先选定另一种产品作为“参照物”。同时还应将产品进行横向和纵向的比较。

#### 2. 确定目标

在对某一产品进行评价时要明确其目标。

#### 3. 编目分析

由于绿色建材从原材料的采集、加工、贮存、运输、使用、回收以及最后的废弃再生都会对生态环境、资源、人体健康造成影响，因此需要量化各个阶段的影响，并将统计的量进行分类、汇总为下一步的周期评价作铺垫。这是 LCA 评价体系中最具操作性的部分。

#### 4. 选择合适的评价工具或软件

编目分析阶段的统计、计算要求非常精确，选择合适的工具或相关软件能减少人为误差，提高精度。

#### 5. 动态过程

在对一种产品进行 LCA 分析认证之后，其相关的数据资料成为产品数据库中的一部分，并指导改进评价，改进评价后形成的标准成为知识库中的一部分，重新应用于新产品的开发。这是一个不断发展完善的动态过程。

## 三、LCA 评价法现阶段存在的不足

虽然目前对国际公认的生命周期 LCA 评价体系已经取得了一些实践成果，但还是处于研究探索阶段，尤其对于建材产品仍是处于起步阶段，其评价工作还需要大量的实践数据和经验的积累。在我国，受时间、研究基础及研究条件的限制，关于 LCA 研究成果仍缺乏系统化、集成化和可操作性，很多基础数据缺乏，还有以下诸多待完善之处。

### 1. 评价体系不完整

目前建材 LCA 研究基本是只能针对主要建材产品生命周期中的生产阶段，数据库只是生产阶段的资源消耗、能源消耗和环境排放数据，而基本未涉及生命周期其他阶段，评价出的结果也存在一定误差。

### 2. 研究方法不规范

受数据采集困难等客观条件的限制，有些前期 LCA 评价指标体系是定性或定性与定量的结合，完全采用 LCA 规范方法建立的环境负荷数据库只局限在水泥、玻璃、建筑卫生陶瓷及极少部分墙体材料等使用范围广、产量大、相关生产技术及检测技术、标准规范成熟的建材产品。

### 3. 未建立与建筑评价的衔接

由于没有建立全面的建材产品对建筑环境性能影响的有效研究手段和方法，且缺乏科学的建材全过程 LCA 清单数据库作支撑。目前的建材产品基础数据库和评价指标体系更多的作用是对建材产品自身环境性能的评价，难以形成建材对建筑环境影响的全面而科学的评价。

### 4. 未普遍应用推广

在我国，绿色建材 LCA 评价在建材行业生产企业尚未开展有效的应用推广。建材 LCA 对建筑方面示范性应用研究更是未曾涉及。

## 四、建议与展望

### （一）对绿色建材评价方法和指标体系的建议

严格意义上说绿色建材应当要求材料的全生命周期都符合环保要求，最低限度地使用自然资源和能源。绿色建材的基本概念和内涵要点反映了绿色建材的本质要求是在原料采用、产品制造、使用和废弃物处理的全寿命周期内能最大限度地减轻环境负荷，有利于人类健康，促进社会可持续发展。因此，绿色建材评价要以建材在全寿命周期内对资源、能源的消耗，对生态环境的压力以及对人类可续发展的影响为核心内容，建立一套能全面反映建材绿色化程度的指标体系，构建数学模型，应用计算机技术实现绿色建材的智能化评价。这需要通过不断的积累完善环境负荷数据库，需要各国之间相互共享已经获得的数据信息，这样不仅能减少绿色建材相关评价工作的工作量，大量的数据信息也能增加评价指标的可靠性和科学性。

对绿色建材和建材绿色度的评价就需要既坚持科学绿色理念又要考虑社会百姓选择绿色建材产品的实际需求。建材的最终消费者为普通百姓，但很多普通百姓都不知道绿色建材的相关知识，因此对他们来说最重要的是了解怎样鉴别、购买、使用健康环保、性能最优的建材产品。因此，应该加大对绿色建材方面相关知识的宣传与推广，此外，应该建立完善的、简单易懂的评价指标或者环境标志，使消费者能更好地辨别绿色建材产品。

### （二）我国绿色建材评价体系展望

绿色建材的评价是一项长期的、复杂的工作，不同的材料有不同的评价标准，不同时期的评价标准也会发生改变。对绿色建材进行评价还需要从以下方面着手：广泛调研我国各种建筑材料在建筑上应用状况，建立必要的基础数据库，包括建筑材料资源消耗情况、能源消耗、对环境影响状况、可再生利用程度；对主要建筑部位绿色度进行比较研究；指导、开发新型绿色建材；研究绿色建筑结构体系等。只有这样，我们才能够对我国的各类建筑材料进行系统、科学、准确的评价，从而指导人们科学合理地选用建材，最大限度地达到能源效率、资源效率和人类健康的统一，促进我国绿色建材产业有效和健康的发展。

# 第三章　传统建筑材料的绿色化

## 第一节　绿色水泥

### 一、绿色水泥的定义与发展

#### （一）“绿色”的提出

水泥作为一种最大宗的人工制备材料，诞生100多年来，为人类社会进步和经济发展作出了巨大的贡献。它们在住宅建筑、市政、桥梁、道路、水利、地下和海洋工程以及核、军事等工程领域都发挥着其他材料所无法替代的作用和功能，成为现代社会文明的标志和坚强基石。

社会的进步和经济发展需要我们提供足够多的优质水泥与混凝土，而其本身的不可持续发展性已无法适应这种需求，为解决这一矛盾，我们必须首先从观念上进行转变，加大本领域的科技投入，并充分利用当代科技进步的成果，增加高技术含量，提高整体科技水平。

自从1824年硅酸盐水泥问世，1850年出现钢筋混凝土使其成为重要结构材料以来，强度一直都是水泥与混凝土的主要性能指标。由于混凝土强度决定于密实性，而密实性又与耐久性紧密相关，因此高强度一直被认为是优质的特征，并使其成为配合比设计以及生产和应用的首要，甚至是唯一指标。但理论研究和大量实际工程结果表明这种唯强度的观念已经受到了严峻的挑战。高性能概念是近10年才出现的。因为混凝土工程的使用状况证明其耐久性的重要性并不亚于强度，在一些特殊环境下甚至远远重于强度，过去正是由于忽视了耐久性，而使混凝土工程遭受了严重的损失。资料表明，美国的公路建筑维修和重建费用高达 200 亿美元，英国道路桥梁为 6 亿英镑，南非的受损工程达 20 亿兰特（46 亿元人民币）。国内建设规模虽不如发达国家，工程历史也不长，但仅仅从近几年的实际工程情况来看，其损害也是严重的。一些机场跑道，高速公路，铁路桥梁轨枕、京津地区立交桥，华东、华南地区海港码头等工程在远低于设计年限内（有的甚至几年内）即遭破坏。其主要原因就是未对耐久性引起充分重视。

1990 年，美国国家标准与技术研究院与美国混凝土协会（ACI）首次正式提出了高性能混凝土这个概念。应同时保证下列诸性能：优良的施工性能、高的强度、好的耐久性，并具有一些特殊功能。而要获得高性能混凝土的关键必须要有高性能的水泥，这种水泥就是强度与耐久性兼优的低环境负荷的新一代水泥——绿色水泥。绿色的含义实质上就是可持续发展的内容。主要可概括为：节约资源、能源，不破坏环境；固体工业废渣的高级利用，显著减少生产过程中 $CO_2$ 排放量，更应有利于环境，实现可持续发展；水泥产品的质量和标号得以提高与国际接轨；用于混凝土工程有利于改善和提高混凝土的工作性、强度和耐久性。从水泥与混凝土来讲，其绿色应含有以下内容：提高水泥强度和性能，最大限度地节约水泥用量，以减少水泥生产时的资源、能源消耗和对环境的污染；加速水泥生产的科技进步，提高生产效率，减少生产能耗和污染；尽可能多地利用低品位原、燃料和各种工业副产品及废弃物质，节约资源、节约水泥，治理、保护环境，改善混凝土耐久性，发展和扩大可循环利用率。

### （二）“绿色”的实现

为实现绿色高性能的目标，从现在起就必须坚持以下发展方向并采取有效技术措施，具体包括：

#### 1. 加速研制和开发优质水泥熟料

新型优质水泥熟料应是高活性、高强度、高性能、低能耗和低环境负荷的。通过水泥熟料组成的优化设计和水泥洁质的提高，减少实际水泥用量，达到节能、降耗、低污染的效果。研究和实际结果表明，在目前使用的水泥中，约有 1/3 未能用于发挥其胶凝性。一部分水泥由于熟料颗粒偏大，中心部分未能水化而仅起到填充材料作用；另有一些水化产物本身就对胶凝作用贡献不大，甚至是影响耐久性的，因此应提高水泥熟料的水化活性，充分发挥烧成熟料的作用。常规混凝土设计是以水泥强度为依据的，采用高标号的水泥，可减少水泥用量。如用 C105 混凝土所制备的柱子截面积仅为 C25 混凝土的 40%，这在建筑中不仅可大大增加宝贵的使用空间，而且还使材料的综合能耗降低一半以上。而耐久性提高后，延长工程的使用寿命，其效益更是惊人。若以设计寿命为 30 年的混凝土工程为基准，当工程寿命为 10 年时，其各种消耗为 30 年的 3 倍；反之，若寿命为 60 年时，其消耗下降为 30 年的一半；100 年时，其消耗仅为 30 年的 0.3 倍，效果显而易见。为此，应加强优质水泥的系统研制和开发工作。

### 2. 充分利用各种低品质原、燃料

在传统生产工艺过程中，为了生产上的方便，过去常常要求选用高品质的原料和燃料，但硅酸盐水泥和常规混凝土的本身，从化学组成上来讲，并不一定要求十分严格，这些要求多源于生产工艺的考虑。因此，从可持续发展的战略角度，应改变一些传统观念，加快科技攻关，解决生产过程上的技术问题，尽可能地采用各种低品位原、燃料和工业废弃物。比如用低品位的石灰石和泥灰岩生产低钙节能水泥；低劣质煤的应用等。还有像煤矿废弃的煤矸石、含碳量高的粉煤灰，由于本身就含有硅酸盐水泥熟料所需的主要化学成分，加之所含的大量可燃组分，对它们的有效利用可减少土地消耗，能源消耗，保护环境，一举多得。另外，一些工业矿开采过程中大量留下的尾矿及副产品，长期积累堆放，对环境造成了破坏，而这些尾矿和副产品中也含有生产水泥所需的有用组分，其中一些还含有有利的矿化剂组分，用生产水泥来消化废弃物，今后将是一个重要的途径。

### 3. 提高生产的节能、环保技术水平

水泥生产是能耗大户，主要能耗来源于两大部分。一是烧成过程，二是粉磨加工。烧成能耗与生产方法、产品组成有关，先进的干法生产能耗远远低于落后的旋窑生产方法和大多数立窑生产技术。因此实行“上大改小”和对立窑的“淘汰、限制、改造、提高”方针是正确的。水泥生料的矿物组成决定了其烧成温度和水泥性能，因此应根据生产的实地情况对生料矿物进行优化设计，在可能的条件下，尽量减少高温矿物，增加低温型高活性、高性能矿物，并注意矿物间的匹配，达到优化效果。另外，要积极开展粉磨工艺研究，开发和应用新型节能粉磨设备。在治理生产过程环保问题上要下大力气，开展系统的、全方位的工作。实际上，水泥行业的生存权，或一个企业的生存权，在我

们自己手中。常常可以听到和看到的是，一些水泥工厂由于污染严重而被迫远迁或停业，而同时一些身居市中心的企业却由于肯下工夫，治理有方，成为当地的文明单位。从今后发展趋势和迫在眉睫的形势看，任何一个不下决心研究和重视环保工作的企业，今后都将无法生存，这是可持续发展战略所决定的。

### 4. 加大废弃物综合利用率

统计资料表明，近些年来，各种废弃物的累积已成为一个严重的社会问题，而在对这些固态废弃物的处理方面，水泥生产有着量大面广，适应性强的得天独厚的优势，对推动本行业的绿色化进程具有积极作用。近期水泥行业所能利用的废弃物主要包括各种工业废渣，如矿渣、钢渣、镁渣、锰渣以及电厂粉煤灰等，另外，还有可作为水泥窑中燃料加以使用的像废油料、液体化学废料、家庭废料、汽车轮胎、林业和农业废料等。

我国目前年产矿渣约 8 000 万 t，大部分作为水泥的混合材使用，但因其细度粗，潜在水硬活性并未得到充分利用，大部分仅起到填充作用来提高水泥厂特别是立窑厂的水泥安定性和调整水泥标号，实为一大资源浪费。我国目前的粉煤灰年排放量超过 1.2 亿 t，但达到 1 级灰的比例很低，由于粉煤灰的活性发挥比较晚，在水泥中影响早期强度，更重要的是粉煤灰的品质波动较大，给应用带来诸多困难，因此目前粉煤灰的利用率还很低，大量被弃置，全国累计已达 22 亿 t，占地 44 万亩。这方面的工作，国外已取得了相当的经验，我们应该有许多可以借鉴的地方，今后应加大工作力度。近年来出现的超细和复合掺合料，是一个值得注意和研究的重大课题。与传统的利废观念不同，超细掺合料不仅能加大掺加量，替代水泥熟料，更重要的是它们具有可以改善混凝土性能的复合和超叠加效应。有效提高了低早强混合材料的利用率，充分利用了这些工业废渣所具有的潜在活性，这方面的动态已成为国内外近期值得注意的一个热点。

### 5. 积极倡导科技创新

长久以来，在人们心目中传统水泥与混凝土是无法与高科技相联系的，认为该行业无高科技术可言。而事实上随着科学技术的发展，特别是在跨世纪的重大课题面前，本行业所担当的基础和支柱产业作用，突出了它的重要地位，并显现出了一系列的重大科技价值。正因为如此，在目前所进行的国家最高层次的科技研究规划中，包括基础理论研究、高技术研究和技术应用研究（攻关）都无一例外地安排了水泥与混凝土的有关研究内容：如近期发布的《国家重点基础研究发展计划》（973 计划）中的高性能水泥研究；《国家高技术研究发展计划》（863 计划）中的生态建筑材料研究以及在国家“九五”重点科技攻关项目中安排的研究都充分表明了这一点。实际上，在水泥科学研究中所涉及的非平衡态矿相体系设计与控制理论，物相介稳态结构形成原理，颗粒微细化的力化学原理，分散体系的结构形成机理以及各种层次材料的活化与复合原理。

## 二、含 $C_4A_3S$ 矿物的硅酸盐水泥生产技术

我国是世界水泥生产大国，而非强国。水泥生产中能源、资源消耗高，并且产生大量的 $CO_2$ 废气，已经成为阻碍环境保护的一大问题，引起了政府和社会各界的广泛关注。随着各种工农业废物在水泥生产中的应用，绿色水泥的生产逐渐成为水泥工业发展的一种趋势。绿色水泥的生产是大量利用工业废渣、保护环境、实现可持续发展战略目标的有效措施。

目前，我国正利用一切行业管理手段来引导和促进水泥工业产业结构调整，使水泥工业实现环保型、绿色化。走可持续发展的道路，已经成为水泥工业发展的必经之路。2001 年 4 月 1 日开始执行的《水泥胶砂强度检验方法（ISO 法）》（GB/T 17671—1999）和水泥产品修订标准对我国通用水泥生产产生了巨大冲击。对于普通的水泥熟料，为了达到新标准的要求尤其是要达到 3 d 强度指标，水泥混合材的掺量需要大幅度减少，这就大大提高了水泥成本而降低了企业经济效益。如果能依靠科技进步，提高水泥性能，达到不降低混合材掺量而提高水泥标号，或在保持水泥标号不变的前提下提高混合材掺量，以较少量的高标号水泥达到较大量优质水泥的使用效果，这是我国水泥工业实施可持续发展战略的唯一可行之路。

当然已开发成功的低成本、绿色水泥生产技术，无须改变生产工艺，无须技术改造投入，而是通过优化水泥熟料矿物组成、提高水泥性能的技术途径，实现了单位水泥低能耗、高工业废渣利用率的目标。大幅度降低了水泥的生产成本、大大提高了混合材掺量，实现了水泥绿色化生产的目的。该水泥是在传统的硅酸盐水泥熟料中引入适量的无水硫铝酸钙低温烧成来代替 $C_3A$。根据其矿物组成命名为含 $C_4A_3S$ 矿物的硅酸盐水泥。

传统硅酸盐水泥熟料生产是采用石灰石、黏土、铁粉等原料配料，形成的熟料四大矿物组成是 $C_3S$、$C_2S$、$C_3A$、$C_4AF$，其中 $C_3S$ 和 $C_2S$ 对早期强度有贡献，$C_3S$、$C_2S$、$C_4AF$ 对后期强度有贡献。这样的熟料矿物组成设计强度尤其是早期强度不高。含 $C_4A_3S$

矿物的硅酸盐水泥熟料生产所需的主要原料为石灰石、黏土、石膏和萤石等，它采用高铝、高钙、低铁、低温煅烧方式来进行生产。该技术在配料时引入 $SO_3$ 使 $Al_2O_3$ 形成水化微膨胀、早期强度发展快的 $C_4A_3S$ 来替代 $C_3A$。由于 $Fe_2O_3$ 的存在会消耗 $Al_2O_3$ 形成 $C_4AF$ 而减少预期矿物 $C_4A_3S$ 的形成量，因此在配料时取消铁质校正原料，$Fe_2O_3$ 等同于次要成分。为了保证 CaO 与 $Al_2O_3$、$SO_3$ 完全反应形成 $C_4A_3S$，配料时石膏需适当过量。含 $C_4A_3S$ 矿物的硅酸盐水泥熟料的主要矿物组成设计为 $C_3S$-$C_2S$-$C_4A_3S$，此水泥熟料能大幅度提高水泥强度尤其是早期强度并能大掺量利用工业废渣。

含 $C_4A_3S$ 矿物的硅酸盐水泥生产时主要是控制 KH 值、$Al_2O_3$ 和 $SO_3$ 值、生料配煤量及萤石掺量等几个参数。具体实际生产过程还要根据试生产情况作具体的单因素分析然后进行综合归纳，最终确定生产控制指标。

实验研究和生产实践都证明，掺加粉煤灰的含 20%$C_4A_3S$ 矿物的硅酸盐水泥的各龄期强度总是高于掺加矿渣的含 20%$C_4A_3S$ 矿物的硅酸盐水泥强度。当粉煤灰掺量不超过 20%时，水泥仅 3d 抗压强度低于熟料值，28d 抗压强度已与熟料值相当；掺量超过 20%时抗压强度也有接近的趋势；而当掺量相同时，粉煤灰水泥的 3d 和 28d 抗压强度都远高于矿渣水泥的同期强度，并且当粉煤灰比矿渣掺量多时，粉煤灰水泥强度仍高于矿渣水泥同期强度。含 $C_4A_3S$ 矿物的硅酸盐水泥熟料与粉煤灰的相容性好于与矿渣的相容性，有激发粉煤灰活性的作用。在相同掺量的情况下，粉煤灰水泥的强度高；在水泥强度相同的情况下，粉煤灰的掺量远高于矿渣的掺量。这与“矿渣水泥强度高于同掺量粉煤灰水泥的同龄期强度”的传统理论和实践截然相反。

由于低成本、绿色水泥熟料易烧、易磨等特点，水泥在生产过程中的能耗、设备费用大大降低，从而降低了水泥的生产成本。低成本、绿色水泥除烧成技术带来的经济效益外，各水泥企业最大的经济效益则来源于混合材尤其是粉煤灰的利用。由于该水泥中混合材尤其是粉煤灰的掺量可以达到 30%～40%。使水泥成本大幅度下降。同时，大量利用粉煤灰等工业废渣又使企业享受减免增值税和所得税的优惠政策，从而大大体现出了该技术所取得的经济效益。以本技术实施厂家之一南京某水泥厂为例：实施该技术以来，标准煤耗、电耗大大降低；在水泥标号基本不变的情况下，混合材掺入量提高 20%；在消化了煤平均涨价 100 元的基础上，水泥成本降低约 50 元，该水泥作为一种高强高性能水泥，可以大量掺加混合材而对强度的影响较小，特别是此类水泥熟料与粉煤灰的相容性很好，表现在掺加了粉煤灰的水泥强度高于掺加等量矿渣的水泥强度。这就为大批量利用粉煤灰作为水泥混合材提供了一个很好的机会，进而解决了我国粉煤灰等工业废渣利用率低、污染环境的问题，将废渣转化为优质资源，实现了水泥的绿色生产。

## 三、几种工业废料利用生产绿色水泥

随着中国工业的发展，各种各样的工业渣排放量十分惊人，据 1997 年统计，全国排放废渣量达 10.65 亿 t，历史堆存量在 60 亿 t 以上。大量排放的固体物，不仅占用大量的耕地、湖泊，还严重污染环境，妨碍可持续发展。开发利用工业渣，不仅可以保护环境，还可节约大量不可再生资源。它是一种宝贵的二次资源，是一个国家可持续发展战略中的重要一环。

工业渣的开发利用出路很多，可以用于充填地基、道路、材料、肥料、水泥材料、炼铁烧结材料等。但是将工业渣深加工提高细度部分替代水泥熟料生产绿色水泥，是提高工业渣附加值的重要途径。以北京为例：过去将工业渣用于填土、填路附加值很低。有的不要钱，有的只卖 10～20 元/t。可是将粉煤灰、煅烧煤矸石、高炉水渣加工成超细粉体则卖到 200～300 元/t。不仅附加值高，量也大。中国每年生产 8 亿 t 水泥，利用工业渣生产的绿色水泥可达 1 亿 t 以上。

### （一）工业渣

#### 1. 工业渣可以分为以下几种

（1）冶金渣：高炉矿渣、钢渣、铁合金渣和有色金属等。

（2）化工渣：硫酸渣、电石渣、磷渣、矾渣等。

（3）燃料渣：粉煤灰、炉底渣、煅烧煤矸石等。

工业渣生产绿色水泥，其中工业渣的活性是关键因素，活性的好坏对其质量的影响不可忽略。影响活性的因素很多，大致归结为以下四个方面：

① 渣的细度：细度是决定渣活性高低的关键因素。细度达不到一定的标准，活性显示不出来，细度越细，活性越高，所制得的水泥性能越好。如高炉矿渣首先是 CaO 含量高，又经水淬后，其中矿物大多数以玻璃态形式存在，有害杂质少，因而在诸多工业渣中它的活性最高。不仅可以直接使用，还可以加入其他工业渣中复配使用，以提高水泥性能。

② 渣中有害杂质含量多少，如粉煤灰中未燃尽的碳质，煤石中的游离 CaO 等。

③ CaO、$SiO_2$ 等氧化物在渣形成过程中生成的矿物形态是呈玻璃状态存在还是呈晶体存在，玻璃状态存在的矿物，活性就高。

④ 工业渣中对活性有利的 CaO 含量的高低。CaO 高，同样的情况下，生成的 $C_3S$ 相对较多，水泥化产物活性相应较高，胶凝性水化产物多。但若 CaO 过多，造成游离的 CaO 产生副作用。

### 2. 工业渣对细度的要求

在开发利用工业渣作为水泥材料，特别是作为现场掺合料使用和部分替代水泥熟料使用时，决定活性大小的关键因素是一定的细度。细度的衡量标准有透气法测比表面积和筛分法，根据笔者的经验，用比表面积大小来确定为宜。例如水泥熟料或石膏的细度达到 3 000 $cm^2/g$ 即可，而工业渣则起码要到 4 000～5 000 $cm^2/g$ 以上，一般要求达到 6 000 $cm^2/g$。而一些高档的，如使用在 C80 以上混凝土中的沸石粉要求达 8 000 $cm^2/g$，而高级的硅灰则达到 10 000 $cm^2/g$ 以上。

### 3. 提高工业渣的细度并提高粉磨效率

要使工业渣具有很高的活性，必须达到一定的细度，因而在粉磨过程中要遵从两个原则：

（1）分开磨的原则。在生产工业渣水泥生产线加工过程中，不能把水泥熟料、石膏和工业渣混在一起磨。一般来说工业渣硬度大，放在一起磨，只会磨软，不会磨硬。所以可以安排不同的磨机分别磨不同的物料，最后混合磨。

（2）在对工业渣加工成一定细度时选择何种磨机时，能耗是最重要的因素。必须选择能耗低的磨机，如振动磨等进行加工，否则能耗会提高加工成本，使工业渣利用受阻。振动磨机是加工工业渣的最佳武器。

振动磨机依靠激震器使桶体中的介质与物料产生高频率（15～10 Hz），小振幅的冲击，其冲击次数比球磨机高 30～40 倍，冲击表面积比球磨机大得多，故产品可达高细度。其研磨原理为冲击和疲劳破坏，因而特别适合于高硬度的工业渣超细粉碎加工。生产流程见图 3-1。

工业渣生产绿色水泥，推荐配方：对于工业渣制作绿色水泥，其推荐配方比例如下：

① 高炉矿渣：这是最成熟的范例，标准配方为矿渣∶水泥熟料∶石膏和外添加剂=50∶50∶10。

② 矿渣和钢渣：矿渣∶钢渣∶水泥熟料∶石膏=20∶20∶50∶10。

③ 矿渣和煅烧煤矸石：矿渣∶煅烧煤矸石∶水泥熟料∶石膏=20∶20∶50∶10。

④ 矿渣和矾渣：矿渣∶矾渣∶水泥熟料∶石膏=20∶20∶50∶10。

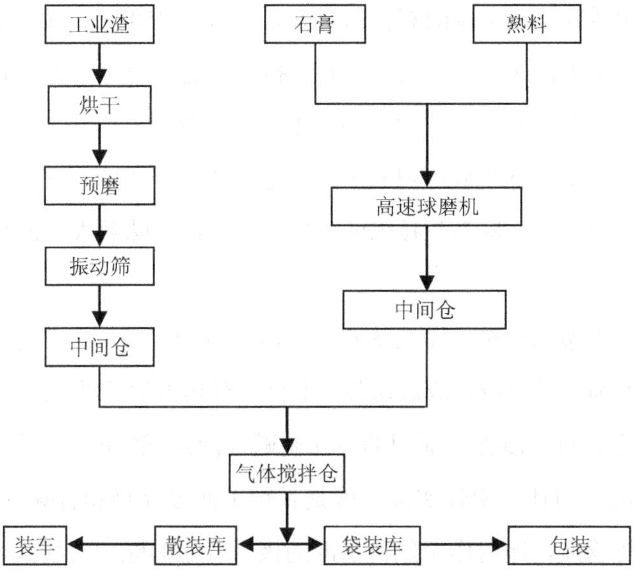


**图 3-1　工业渣粉磨生产流程**

我们要强调，在生产过程中对各种渣最好的方案是复配使用。例如，钢渣含 $C_2S$、$C_3S$ 复配矿渣不仅消除膨胀性，而且效果更好。

### （二）无熟料水泥的发展

#### 1. 凝石

凝石是我国科学家发明了一种仿地成岩的新型建筑胶凝材料。这种将冶金渣、粉煤灰、煤矸石等各种工业废弃物磨细后再“凝聚”而成的“石头”，与寻常水泥相比，在强度、密度、耐腐蚀性、生产成本和清洁生产等许多方面表现十分突出。

凝石与普通水泥相比，具有多种优点。比如：生产过程实现“冷操作”，节省能源，不排放二氧化碳；生产过程大量减少烟尘，不破坏天然资源，不污染环境；凝石混凝土的强度、密度、耐腐蚀、抗冻融等方面的性能优良；以各种废渣为原料，“吃渣量”可达 90%以上，是处理废渣的最有效方法；生产成本低、工艺简单等。

“凝石”技术对破解我国一些产业的环境和资源瓶颈难题具有重要意义。目前，全国有数十亿吨的固体废弃物，仅煤矸石一种就高达 34 亿 t。这些固体排放物还以每年 10 亿 t 的速度增加，造成巨大的环境压力。仅粉煤灰一项，全国每年的处理费用就达 60 亿元。此外，我国适宜烧制水泥的石灰石可开采储量为 250 亿 t，以 2003 年的水泥产量计算，仅够用 30 余年。而一旦采用“凝石”技术，这些数量巨大的固体废弃物将变成生产优质类“水泥”胶凝材料——“凝石”的上佳原材料。

有专家表示，人类在建筑胶凝材料方面，已经历了千年的石灰“三合土”时代，百年的水泥“混凝土时代”。“凝石”技术的出现，很可能意味着人类即将迎来新的“凝石时代”。

众所周知，工业废渣成分大都为 $SiO_2$、$Al_2O_3$、CaO 等，这类废渣自身没有或很微弱胶凝性，但其大都是经急冷形成玻璃体，本身具有热力学活性，因而可用机械、热力、化学方法激活使之具有胶凝性。通用的方法是碱性激发或硫酸盐激发（即化学激发）。“二元化”湿水泥和阴体、阳体实际上就是各种工业废弃物和含碱 $Ca(OH)_2$ 或硫酸盐 $Na_2SO_4$、$CaSO_4$ 等物质，即用作无熟料水泥的极为普通的碱和硫酸盐，因而“凝石”必然是碱激发胶凝材料。

### 2. 矿渣粉煤灰胶凝材料

将矿渣、粉煤灰、石膏和复合激发剂混合，用 QM-4H 小型球磨机以 150 r/min 转速，混磨 5 min，使物料充分混匀。将混好的物料放入胶砂搅拌机中，胶砂比为 1∶3，水胶比为 0.50，搅拌 3 min，然后放入 40 mm×40 mm×160 mm 的模具中，借助胶砂振动台振实成型。成型后，用刮刀刮平，覆盖塑料薄膜，在温度为（20±1）℃，相对湿度为 90%的标准养护条件下养护。成型 24 h 后脱模，按照《水泥胶砂强度检验方法（ISO 法）》（GB/T 17671—1999），检测其 3 d、7 d、28 d 的抗折强度和抗压强度。

实验研究发现，随着粉煤灰掺量的增加，胶凝材料的强度逐渐降低。由于粉煤灰的活性低于矿渣的活性，在胶凝材料水化早期，主要进行的是矿渣受激发剂激发而发生的水化反应。然而，当矿渣和粉煤灰的加入量较为合理时，强度下的趋势并不明显。粉煤灰加入量小于 15% 时，胶凝材料的强度 52.5 级，符合《通用硅酸盐水泥》(GB 175—2007)。随着石膏加入量的增加，胶凝材料强度增长较快。当石膏掺量超过 10%以后，石膏掺量的增加对胶凝材料强度增强贡献并不大，抗折强度甚至有下降的趋势。石膏和矿渣及粉煤灰的水化反应程度主要取决于 $Ca^{2+}$、$OH^-$以及 $SO_4^{2-}$浓度，浓度高可加快水化反应速度，促进强度的增长。但石膏掺量过多，不仅凝结加快，阻碍水化物的扩散，而且参与水化反应后剩余的石膏只是以低强度状态存在于硬化体中，因而降低长期强度。随着复合激发剂加入量的增加，胶凝材料强度呈现先增长后降低的趋势，并在掺量 5%时达到最高峰。复合激发剂中的硫酸盐可以激发矿渣和粉煤灰的活性，促进水化的进行，早期激发效果较为显著。但是，加入量过多会影响胶凝材料的强度。

## 第二节　绿色混凝土

### 一、绿色混凝土定义

“绿色”首先是指把太阳能转化为生物能、把无机物转化为有机物的植物颜色。20 世纪 70 年代以来，发达国家先后成立了“地球之友”、“绿色和平组织”和以保护生态环境为宗旨的政党——绿党。世界各国也建立了生态和环境保护机构，出现了生态哲学、生态伦理学等新学科，绿色理论不断深化。有学者把绿色理论分为“深绿色理论”和“浅绿色理论”两大流派。

“浅绿色（Light green）理论”认为，人类所面临的生态危机并不可怕，只要政府推行一些必要的环境政策和相应的科学技术手段，便可以解决生态恶化的问题。

“深绿色（Dark green）理论”认为，“不从根本上改变现存的价值观念和生产消费模式，人类的危机无法解决。”对绿色混凝土的概念目前学术界还没有统一的定义。一般来说，绿色混凝土具有比传统混凝土更高的强度和耐久性，可以实现非再生性资源的可循环使用和有害物质的最低排放，既能减少环境污染，又能与自然生态系统协调共生。

主要可概况为：

（1）节约资源、能源；

（2）不破坏环境，更应有利于环境；

（3）可持续发展，保证人类后代能健康、幸福地生存下去。

第（2）条是第（3）条的保证。

再生骨料混凝土，是指用废混凝土、废砖块、废砂浆作骨料，与水泥砂浆拌和而制得的混凝土。环保型混凝土，则是指能够改善、美化环境，对人类与自然的协调具有积极作用的混凝土材料。机敏混凝土是指具有感知、调节和修复等功能的混凝土，它是通过在传统的混凝土组分中复合特殊的功能组分而制备的具有本征机敏特性的混凝土。

## 二、绿色混凝土研究现状

众所周知水泥混凝土是利用最广泛的人造材料，年使用量大约为 70 亿 t，是人类与自然界进行物质与能量交换活动中消费量很大的一种材料。目前，城市表面 80%以上的面积被建筑物和混凝土路面覆盖，其主要缺点：一是这种密实性混凝土覆盖了大片植被而且缺乏透气性和透水性，调节空气的湿度、温度的能力差，混凝土大量吸收阳光热能在城市产生“热岛效应”影响着人类生存环境；二是雨水长期不能渗入地下，使城市地下水位下降，影响地表植物的生长和绿化面积减少，造成城市生态系统失调；三是混凝土的制备耗用大量的水泥，水泥生产过程中释放出大量二氧化碳气体，而二氧化碳则是全球气温变暖的元凶“温室气体”的主要成分。因此，生态环境友好型混凝土，作为一种新型的环保建筑材料应运而生。

1936 年，美国在南加利福尼亚州的 Angeles Crest 公路边坡治理中就应用了生态护坡；日本的生态材料开发与应用技术几乎与其公路建设同步，并获得了多项生态技术的专利，20 世纪 90 年代初期，日本最早开始研究绿化混凝土，从混凝土结构物的绿化施工方法、评价指标等多方面进行了系统的研究和开发，绿化混凝土在日本得到了广泛的应用，从城市建筑物的局部绿化、沿岸、护岸工程到道路、机场建设等大型土木工程，均考虑了绿化措施。尽管国外在绿化混凝土方面已经取得了很多研究成果，但由于国外对知识产权的保护，我国在直接利用国外绿化混凝土的技术方面还有很大的壁垒，因此，在我国开发具有自主知识产权、适应不同地区使用、尽量利用废渣减少环境负荷、价格较低的水泥基植物生长复合混凝土，是摆在我们面前迫切的任务。

近年来，由于在生态环保技术方面的研究逐步成为热点，我国科研人员在绿化混凝土方面也取得了一些先进的成果。奚新国、许仲梓等在《低碱度多孔混凝土的研究》中提到以粉煤灰为主要原料并用铝粉做发泡剂配制低碱度多孔混凝土。结果表明：在实验范围内，粉煤灰掺量（质量分数）达 65%～70%的混凝土，其 28 d 的 pH 值可降至 11.50，

90d 的 pH 值甚至可以达到 9.0～10.5，满足低碱度、多孔的要求。该方法主要存在下面问题：成本的选择，由于铝的价格以及在混凝土中的大量应用造成成本过高；铝粉发泡还存在一个发泡均匀和孔隙孔径大小的问题，这些不利因素，阻碍了这一技术的推广。李学军等在《无砂多孔混凝土实验研究》中提出了一种制备无砂多孔混凝土的方法：由粗骨料、水泥和水拌制而成一种多孔轻质混凝土，它不含细骨料，由粗骨料表面包覆一薄层水泥浆相互粘结而形成孔穴均匀分布的蜂窝状结构；刘学艳等在《再生大孔和多孔混凝土的研究》中也提到再生大孔和多孔混凝土，是将废弃的混凝土破碎、分级，用来代替混凝土中的骨料，从而制备大孔混凝土。

但是当前绿色混凝土的研究也存在一些问题，一些具体策略是必不可少的。生态友好型胶凝材料是一种绿色混凝土，它以适应环境为特征。固沙、固土的胶凝材料，可以种植树木、花草；固岸、固堤的胶凝材料，可以适合海洋生物生长、栖息和繁殖。从材料科学的观点出发，生态环境友好型胶凝材料应具有适宜的酸碱度和孔隙率。像硅酸盐水泥混凝土等传统胶凝材料，碱度很高（pH 为 12.5），孔隙率比较低，显然不适合用于环境治理和保护。但粉煤灰、煤矸石等工业废渣的组成和结构为低钙型铝硅酸盐矿物，具有潜在的火山灰反应活性，以它们为基本材料，适当加入少量激发剂，有望配制出生态环境友好型胶凝材料。在我国，北方的一些地区存在沙漠侵蚀、水土流失等生态环境问题，需要大量的固沙、固土材料；南方的沿海地区存在海岸线不稳、塌陷等问题，也需要大量的固堤护岸材料；城市的混凝土化和高热环境，需要得到治理，开发可植被混凝土是最可行的解决措施。另一方面，我国每年生产大量的固体工业废渣，目前堆置待处理的粉煤灰、煤矸石等废渣亦分别达到数亿吨以上，它们大量侵占农田，污染城乡环境。因此，研究开发废渣综合利用技术，变废为宝，治理环境，具有重大的经济价值和学术价值。

## 三、绿色混凝土与可持续发展

自从混凝土应用于工程建设后，一直在现代建筑中占有极其重要的地位，在土木建筑工程领域发挥着其他材料无法替代的作用与功能。而且在今后相当长的时间内，水泥混凝土仍将是应用最广、用量最大的建筑材料。但同时混凝土的大量使用也带来了很多的负面影响，比如说环境问题等。因此混凝土能否长期作为最主要的建筑结构材料，其关键在于能否成为绿色材料，能否坚持可持续发展道路。由此看来绿色建材已成为土木工程建设材料发展的方向。

目前，绿色混凝土还没有统一的定义。综合国内外研究，一般认为绿色混凝土包括以下特征：可满足混凝土的可持续发展，能减少环境污染，又能与自然生态系统和谐开发；比传统混凝土具有更高的强度和耐久性；可选择资源丰富，能耗小的原材料；大量利用工业废弃资源，实现非再生性资源的可循环使用和有害物质的从低排放；适合人居，对人体无害。另外，吴中伟院士指出“绿色”的含义可理解为：节约资源、能源；不破坏环境，更有利于环境；可持续发展，既满足当代人的需求，又不危害子孙后代，且能满足其需要。

**绿色混凝土的特征**

绿色混凝土是从绿色材料角度对混凝土进行开发利用，从而改善混凝土与环境的协调性。绿色材料的特点包括材料本身的先进性、生产过程的安全性、材料使用的合理性以及符合现代工程学的要求等。而混凝土在绿色化方面主要特点体现在以下几方面：

（1）大量利用工业废料，降低水泥用量；

（2）要有比传统混凝土更好的力学与耐久性能；

（3）具有与自然环境的协调性；

（4）能够为人类提供温和、舒适、安全的生存环境。

### （一）发展环保型胶凝材料

从能源消耗看，目前生产水泥所使用的球磨机的效率仅约 10%。我国 2006 年水泥年产能已超过 12 亿 t，熟料有 8 亿 t 以上，但其中小水泥约占 55%；小水泥中有约 65% 的 32.5 级水泥，42.5 级及以上的约占 35%，低强度水泥的使用价值只有 52.5 级水泥的 1/3～1/2，且生产对环境污染大、资源破坏严重、能耗大。如果不进行控制和引导，将使我国的能源负担和环境难以承受。为此，国家将很有必要对水泥行业进行新一轮产能结构调整，并对水泥行业的产能过剩状况和技术进步产生重大影响。产能结构调整中，注意控制水泥行业总产能保持平稳的同时，将加快淘汰立窑、干法中空窑、立波尔窑和湿法旋窑等落后生产工艺，以利于彻底改变水泥工业污染严重的状况。

发展绿色混凝土应发展高性能胶凝材料，使用较少熟料和大量利用工业废料，并应解决水泥、细掺料和外加剂的相容性问题，使在水泥产品系列中增加高性能的新品种，主要从流变性能的需要，进行各组分的选择并优化配合比，达到充分满足混凝土的设计、施工要求。通过努力发展这种高性能的环保型胶凝材料，使水泥生产成为可持续发展的产业。

### （二）利用再生骨料和再生水

据报道，施工和拆除每年产生的建筑垃圾在10亿t以上。利用建筑垃圾制造粗骨料，可为混凝土工业提高资源利用率提供机遇。世界上许多国家，能将挖泥机捞出的砂子和采矿废物加工为细骨料应用。这在原生骨料的储存耗尽或土地少且废物处置费很高的国家，尽管使用再生骨料需要加工费用，再生利用这些废物仍是经济的。在某些国家，再生混凝土仅用于填筑路基，当然这比填土要好得多，但仍采用原生骨料配制新用的混凝土。在欧洲鉴于环境考虑和废料处置费用高，有很多国家已建立短期目标，拟再生利用50%～90%可用的建筑废弃物和拆除的废料。在我国再生骨料的利用尚处于起步阶段。

建筑施工需要使用饮用水来拌和养护混凝土。但是，众所周知水资源的形势逼人，清洁的水资源正在逐日减少。所以，解决缺水问题也是当务之急，混凝土工业作为淡水的消费大户之一，迫切需要更有效地用水。应避免使用城市饮用水搅拌混凝土，配制混凝土可利用大多数再生工业水，再生水更可以用于养护混凝土和冲洗混凝土运输车。在我国新颁布的《混凝土用水标准》（JGJ 63—2006）中，已将再生水纳入该标准，可用于混凝土拌和用水和养护用水。研究认为，通过优化骨料级配，大量使用矿物掺合料和超塑化剂，全球每年用于拌和混凝土的1万亿L水可以节省一半。

### （三）发展绿色高性能混凝土

高性能混凝土采用现代混凝土技术制作而成，其针对不同用途的需要，对下列性能重点作出要求，即耐久性、工作性、适用性、强度、体积稳定性及经济性。其配制特点为低水胶比，选用优质原材料，除水泥、水、集料外，必须掺加足够数量的矿物细掺料和高效外加剂。尤其值得指出的是，绿色高性能混凝土科学地大量使用矿物细掺料，既是提高混凝土性能的需要，又可减少对熟料水泥的需求；既可减少煅烧熟料时$CO_2$的排放，又因大量利用粉煤灰、矿渣及其他工业废料而有利于改善和保护环境。因此，绿色高性能混凝土是可持续发展的混凝土。我国在考察粉煤灰、矿渣粉等掺合料不同掺量对混凝土强度的影响规律，比较各种掺合料对强度的贡献大小，特别是高掺量粉煤灰及其复合掺合料混凝土的力学性能和长期耐久性能，以及先进、高效减水剂的应用方面，已做出了显著成绩，对指导当前的混凝土生产具有重要意义。我国交通部《海港工程混凝土结构防腐蚀技术规范》（JTJ 275—2000）中规定，在海港工程中应首选高性能混凝土，其粉煤灰掺量为25%～50%；或磨细矿渣的掺量为50%～80%。此外，我国混凝土强度等级大部分为C30、C40，与国外多为C50、C60相比，尚存在差距。西方发达国家已很少使用HRB335钢筋，而普遍采用500～600 MPa级钢筋。而我国仍以HRB335和HPB235级钢筋为主，HRB400（Ⅲ级）钢筋虽已列入规范，但实际用量仍很少。测算表明，用HRB400替代HRB335可以节省钢材约15%，可节约的铁矿石、标准煤、水及减少排放的效益就更为可观。采用高强钢筋更是通过技术进步提高我国混凝土结构安全度的有效途径。

### （四）发展预制混凝土和建筑混凝土

预制混凝土构件的生产通常在工厂车间内进行，不受气候条件的影响。与建筑工地生产相比，水泥、骨料和预拌混凝土的运输均可在密闭系统内进行，粉尘、废料、垃圾、噪声、焊接烟尘等污染源易控制。若采用自密实混凝土等新技术，则减少了施工现场的湿作业，可减少生产过程中的噪声和振动，具有明显的环保效果。此外，由于预制可采用比较复杂的工艺生产各式大梁、空心板等构件，可降低材料和自然资源的消耗。建筑师的使命是丰富结构的美学，结构美观并与周围环境融为一体，应作为设计的一项标准。新型混凝土如彩色混凝土、玻璃混凝土、透明混凝土正在激励设计人员的想象空间。与此同时，对施工质量也提出了高的要求，清水混凝土和漂亮的预制混凝土构件已在我国的奥运工程及其他重要工程中获得应用，这方面我国土建人员还有很大的发展空间。

### （五）提高混凝土的耐久性

提高混凝土的耐久性、延长混凝土结构的使用寿命是提高资源利用效率最富挑战性的任务。设想现在建造的大多数结构，若使用寿命不是通常的50年，而是200～250年，则混凝土工业的资源利用效率有可能提高数倍，这将是一项重大突破。研究认为，现代波特兰水泥拌和物常设计为早龄期达到高强，这种混凝土收缩值大、延伸性能及徐变性能较差，容易产生裂缝，裂缝在使用期间能渗透水和有害离子，使钢筋锈蚀并引起结构逐渐产生劣化，这是影响混凝土耐久性能的主要原因。国外有文章介绍高掺量粉煤灰混凝土的生产工艺，提出采用含碳量低的超细粉煤灰，按混合胶结料质量比掺加50%～60%

粉煤灰，其用水量比未掺加粉煤灰的可减少15%～20%，且有工作度好的优点。由于水胶比低，水泥浆总体积低16%，混凝土收缩值小，早期水化热约低40%，故抗裂性能好，与波特兰水泥相比，硬化过程较慢。但是，高掺量粉煤灰混凝土切片系统的水化产物更加均匀，与骨料粘结很好，这是提高混凝土抗裂性能及长期耐久性的先决条件。研究认为，在配制混凝土时使用超塑化剂，可进一步减少用水量和总胶结料，以消除全部或大多数收缩和裂缝，从而可生产出高耐久性的混凝土。所以，高掺量粉煤灰混凝土有可能是配制低收缩、无裂缝耐久性混凝土的有效技术路线。国际标准化组织（ISO）在设计规范中正提倡采用基于结构性能的设计，指出在结构设计与施工规范中，应按结构性能要求做出技术规定。这样将无必要限制粉煤灰的最大用量，或对水泥最小用量做出规定；为提高混凝土耐久性，将不只要求采用低的水胶比，可同时要求减少用水量和水泥用量。所以，采用基于结构性能的设计，将有利于新材料、新技术和新工艺的推广应用。

正因为绿色混凝土的生产绿色化，才能促进环境的可持续发展。随着生产水平的提高和社会的逐渐进步，绿色混凝土会越来越得到人们的重视，更多的混凝土建筑物会使用绿色混凝土，人们的生活也会逐渐依赖绿色混凝土而不是普通混凝土，这样就能更好地走可持续发展道路。

绿色混凝土不但具有比普通混凝土更加优良的性能，还由于其利用工业废弃物和生活垃圾，因而能最大限度地节约天然资源和能源，具有保护环境的效益，可以有效地坚持可持续发展战略，可以更好地保护环境，维护世界和平与全人类的共同快速发展。综上所述，绿色混凝土的发展能够极大地促进可持续发展，是可持续发展的有效途径。

## 四、几种绿色混凝土及如何实现绿色化

绿色混凝土主要分为：绿色高性能混凝土，再生骨料混凝土，生态混凝土及机敏型混凝土等。

### （一）绿色高性能混凝土

高性能混凝土具有普通混凝土无法比拟的优良性能。如果将高性能混凝土与环境保护生态保护和可持续发展结合起来考虑，则称为绿色高性能混凝土。在1997年3月的高强与高性能混凝土会议上，吴中伟院士首次提出GHPC绿色高性能混凝土的概念，并指出是混凝土的发展方向，更是混凝土的未来真正的绿色高性能混凝土，节能型混凝土所使

用的水泥必须为绿色水泥，普通水泥生产过程中需要高温煅烧硅质原料和钙质原料消耗大量的能源。如果采用无熟料水泥或免烧水泥配制混凝土就能显著降低能耗，达到节能的目的，如碱矿渣水泥利用工业废渣与某些碱金属化合物发生化学反应替代水泥胶凝材料，可将硅酸盐水泥生产工艺的两磨一烧简化为一磨，是一种低能耗低成本的绿色水泥。

### （二）再生骨料混凝土

世界上每年拆除的废旧混凝土工程建设产生的废弃混凝土、混凝土预制构件、厂排放的混凝土等均会产生巨量的建筑垃圾。全世界从 1991 年到 2000 年 10 年间废混凝土总量超过 10 亿 t，我国每年施工建设产生的建筑垃圾达 4 000 万 t，产生的废混凝土就有 1 360 万 t，清运处理工作量大、环境污染严重。

为了更好地回收利用废混凝土，可将废混凝土经过特殊处理工艺制成再生骨料，用其部分或全部代替天然骨料配制成再生混凝土，利用再生骨料配制再生混凝土是发展绿色混凝土的主要措施之一，可节省建筑原材料的消耗。保护生态环境有利于混凝土工业的可持续发展，但是再生骨料与天然骨料相比孔隙率大、吸水性强、强度低，因此再生骨料混凝土与天然骨料配制的混凝土的特性相差较大，这是应用再生骨料混凝土时需要注意的问题。

### （三）生态混凝土

传统混凝土材料的密实性使各类混凝土结构缺乏透气性和透水性，调节空气温度和湿度的能力差，产生热岛现象、地温升高等使气候恶化，大量钢筋混凝土建筑物和混凝土道路使绿化面积明显减少，降雨时不透水的混凝土道路表面容易积水，雨水长期不能下渗使地下水位下降，土壤中水分不足、缺氧影响植物生长造成生态系统失调。

根据使用功能的不同，目前开发的生态混凝土的品种主要有透水性混凝土、植被混凝土和景观混凝土等。生态混凝土的开发和应用在我国还刚刚起步，随着人们对生活要求的提高和对生态环境的重视，混凝土结构的美化、绿化人造景观与自然景观的协调成为混凝土学科的又一个重要课题。生态混凝土必将成为混凝土发展的一个重要方向。

### （四）机敏型混凝土

机敏型混凝土是一种具有感知和修复性能的混凝土。是智能混凝土的初级阶段，是混凝土材料发展的高级阶段。智能混凝土是在混凝土原有的组成基础上掺加复合智能型组分使混凝土材料具有一定的自感知、自适应和损伤自修复等智能特性的多功能材料。根据这些特性可以有效地预报混凝土材料内部的损伤，满足结构自我安全检测，需要防止混凝土结构潜在的脆性破坏性能，显著提高混凝土结构的安全性和耐久性。近年来，损伤自诊断混凝土、温度自调节混凝土及仿生自愈合混凝土等一系列机敏混凝土的相继出现，为智能混凝土的研究和发展打下了坚实的基础。

自诊断智能混凝土具有压敏性和温敏性等性能。普通的混凝土材料本身并不具有自感应功能，但在混凝土基材中掺入部分导电相组分制成的复合混凝土，可具备自感应性能；自调节机敏混凝土具有电力效应和电热效应等性能机敏混凝土的力电效应，电力效应是基于电化学理论的可逆效应，因此将电力效应应用于混凝土结构的传感和驱动时可以在一定范围内对它们实施变形调节；自修复机敏混凝土结构在使用过程中大多数结构是带裂缝工作的含有微裂纹的混凝土在一定的环境条件下是能够自行愈合的，但自然愈合有其自身无法克服的缺陷，受混凝土的龄期、裂纹尺寸、数量和分布以及特定的环境影响较大而且愈合期较长，通常对较晚龄期的混凝土或当混凝土裂缝宽度超过了一定的界限混凝土的裂缝很难愈合。如美国伊利诺伊大学教授采用在空心玻璃纤维中注入缩醛高分子溶液作为粘结剂埋入混凝土中制成具有自修复智能混凝土，当混凝土结构在使用过程中发生损伤时空心玻璃纤维中的粘结剂流出愈合损伤恢复甚至提高混凝土材料的性能。

对于如何发展绿色混凝土，许多专家学者提出了许多中肯的意见和建议：

（1）大力发展高标号熟料水泥生产，提高高标号熟料在整个熟料生产中的比重研究改进熟料矿物组分，对传统的熟料矿物水泥进行改性改型发展生产能耗低的新品种调整水泥产品结构及发展满足配制高性能混凝土和绿色高性能混凝土要求的水泥并在满足这一要求的前提下尽量减少混凝土中的水泥用量研究，开发改进提高和发展水泥生产工艺及技术装备，采用新技术、新工艺、新装备改造淘汰落后技术和装备以提高水泥质量，达到节能节约资源的目的。大力发展人造骨料特别是利用工业固体废弃物粉煤灰煤矸石生产制造轻骨料，积极利用城市固体垃圾，特别是拆除的旧建筑物和构筑物的废弃物混凝土砖瓦及废物以其代替天然砂石料减少砂石料的消耗。

（2）更新传统的混凝土设计方法提高施工质量意识严格施工以保证混凝土的施工质量研究和制定绿色高性能混凝土的设计规程、质量控制方法验收标准、施工工艺等。

（3）加强对绿色高性能混凝土配套技术的研究开发使之向理想化发展并使其适合于各种应用场合，扩大其应用范围。着重解决高性能混凝土和绿色高性能混凝土由于低水胶比引起的自收缩问题，进一步水化造成的裂纹问题、由于高强度带来的脆性问题等。

（4）加强混凝土科研开发标准制定工程设计和施工人员等的环保意识，加大绿色概念的宣传力度以引起混凝土工程领域各个环节的高度重视。

（5）制定有关国家法律政策，以保护和鼓励使用绿色高性能混凝土。

（6）成立有关绿色高性能混凝土专门的研究，开发推广质量检验和控制的机构。

（7）加强水泥混凝土行业与其他行业部门的协调，减少推广应用高性能混凝土和绿色高性能混凝土的阻力。

（8）加强调查研究，开展大范围的工程调查，弄清目前在高性能混凝土和绿色高性能混凝土研究和应用中存在的主要问题、经验教训，制订相应的对策和计划。

## 第三节　木材的绿色化

### 一、建筑木材及木制品的特性

木材是当今四大材料（钢材、水泥、塑料、木材）中唯一可再生，又可多次再生和循环利用的天然资源。木材是绿色生态建筑材料，除了给人以舒适、美观、回归自然的感受外，还给人类带来健康的生活环境，每吨树木在成长的过程中释放出 1.07 t $O_2$，吸收 1.47 t $CO_2$。木材在建筑功能上还具有良好的隔热、隔声、调节室内温湿功能。在国外建筑业十分重视木材以及以木材为原料派生的各类人造板。建筑木制品主要是指木质门窗、实木地板、木梁、搁栅、桁条、柱、镶板、天花板、椽子、挂瓦条、灰板条、屋架等。预测到 2010 年中国城乡建筑用木质材（折原木）将达到 8 000 万～8 500 万 $m^3$。因此木材与人造板在建筑领域将是一个广阔的天地。使用木材不等于不考虑国策而无度的破坏性采伐，应遵守森林资源采伐量小于生长量的方针，摆正森林资源和社会产品原材料结构优化的关系，使木材得以持续利用，其所获得的收益在经济上支持和促进林业的发展，这是一种良性的循环。本书所叙的木建筑虽不宜大规模的发展，但伴随加入 WTO 后，旅游业的发展，仿古建筑的需要，木结构建筑频频出现这是一个现实。

木材的物理性能见表 3-1。

**表 3-1　常用建筑木材的物理性能**

| 木材名称 | 气干容重/(g/cm$^3$) | 干缩率/% | | 抗压强度/(kg/cm$^2$) | | | | | 抗拉强度/(kg/cm$^2$) | | | 顺纹抗剪强度/(kg/cm$^2$) | | 抗弯强度/(kg/cm$^2$) | 冲击韧度/(kg/cm$^2$) | 硬度/(kg/cm$^2$) | | |
|---|---|---|---|---|---|---|---|---|---|---|---|---|---|---|---|---|---|---|
| | | | | 顺纹 | 横纹 | | | | 顺纹 | 横纹 | | | | | | | | |
| | | | | | 局部受压 | | 全部受压 | | | | | | | | | | | |
| | | 径向 | 炫项 | | 径向 | 炫项 | 径向 | 炫项 | | 径向 | 炫项 | 径面 | 弦面 | 弦向 | 弦向 | 径面 | 弦面 | 端面 |
| 杉木 | 0.371～0.426 | 0.114～0.136 | 0.233～0.286 | 381～428 | 32～38 | 33～43 | 19～28 | 15～29 | 724～935 | 15～28 | 12～22 | 42～71 | 49～75 | 638～863 | 0.111～0.155 | 139～218 | 145～211 | 253～304 |
| 白桦 | 0.567 | 0.259 | 0.336 | 404 | 65 | 38 | 48 | 17 | 1297 | 48 | 58 | 71 | 95 | 904 | 0.46 | — | 260 | 264 |
| 红皮云杉 | 0.417 | 0.136 | 0.319 | 321 | 37 | 45 | — | — | 967 | 27 | 16 | 62 | 62 | 699 | 0.164 | — | — | 225 |
| 红松 | 0.440 | 0.122 | 0.321 | 328 | 38 | 39 | — | — | 981 | 31 | 20 | 63 | 69 | 653 | 0.175 | — | — | 220 |

我们引入质强比概念来比较木材和其他建筑材料的性能。所谓质强比即容重和强度的比值。以红松为例，其容重与抗折强度比值为 1 484，容重与抗压强度比值为 754。而硅酸盐水泥容重与抗折强度比值为 256，容重与抗压强度比值为 40。红松的抗弯强度质强比是水泥的 37 倍；抗压强度的质强比是水泥的 2.8 倍。

相对于硬聚氯乙烯而言密度为 1.35g/cm$^3$ 时，抗压强度为 55 MPa；抗弯强度为 69 MPa，其抗压强度质强比为 414；抗弯强度质强比为 518，红松分别是硬 PVC 的 1.35 倍和 2.13 倍。因此，将木材作为建筑材料相对水泥而言重量可减轻 4～6 倍，这对减轻建筑物的自重，减少建筑物的基础处理费和提高抗震性能是十分有利的。

此外，木材还是节能材料。树木的生长借助于自然界的土地、水分、阳光容重与抗压强度比值为而生长成材，不像钢材、水泥要历经采掘、冶炼、煅烧消耗大量的热能和造成环境污染。1 450℃每生产 1 t 水泥熟料要消耗 0.50～0.175 t 标准煤，产生 1t $CO_2$，作为建筑主要墙体材料实心黏土砖，每万块耗标准煤 1.32t，我国制砖耗标煤约 6 000 万 t，将产生 1.6 亿 t $CO_2$，这对节约不可再生的煤炭资源和保护环境都是不利的。

木材是热的不良导体。木材和水泥基建筑材料的热工指标见表 3-2。

作为墙体材料而言，红砖砌体的导热系数是松和云杉垂直木纹及胶合板材料的 4.35 倍，是干木板的 13 倍；钢筋混凝土分别是上述木质材料的 8.69 倍和 26 倍，可想而知用木材和木质制品作为墙体材料对建筑的冬季取暖和夏季空调的建筑耗能将大幅度地降低。

表 3-2 常用建筑材料热工参数

| 材料名称 | 密度$\rho$/（$kg/m^3$） | 导热系数$\lambda$/[W/（m·K）] | 比热容 $C$/[kJ/（kg·K）] | 蓄热系数 $S$/[W/（$m^2$·K）] | 蒸汽渗透系数$\mu$ |
|---|---|---|---|---|---|
| 松和云杉垂直木纹 | 550 | 0.174 | 2.512 | 4.187 | 0.016 4 |
| 松和云杉平行木纹 | 550 | 0.349 | 2.512 | 5.873 | 0.068 |
| 干木板 | 250 | 0.058 | 2.512 | 1.628 | — |
| 钢筋混凝土 | 2 400 | 1.512 | 0.837 | 14.945 | 0.008 |
| 轻混凝土 | 1 000 | 0.407 | 0.754 | 4.710 | 0.036 |
| 蒸养和非蒸养混凝土 | 800 | 0.291 | 0.837 | 3.745 | 0.040 |
| 轻砂浆黏土砖砌块 | 1 700 | 0.756 | 0.879 | 9.013 | 0.032 |
| 水泥砂浆 | 1 800 | 0.93 | 0.837 | 10.06 | 0.024 |
| 石棉水泥板 | 1 900 | 0.349 | 0.837 | 6.338 | 0.007 |
| 胶合板 | 600 | 0.147 | 2.512 | 4.361 | 0.006 |

最重要的是木材是无害或者少公害的材料。木材的加工过程仅是改变形状的冷加工的物理过程，不涉及相变或其他复杂过程，更不像水泥红砖的烧成和钢材的冶炼排放 $CO_2$、$SO_2$ 和大量粉尘。使用木材不存在《室内装饰装修材料有害物质限量标准》（GB 18584—2001）所指出的氯乙烯单体、可溶性重金属、混凝土外加剂释放氨、VOC 有机溶剂挥发物、放射性核素等的污染公害因素。对于木质人造板存在采用醛系树醋为胶黏剂时，存在游离甲醛施放的因素，但在当今人造板的加工行业中，采用无醛系的树醋作为胶黏剂（如 MDI 和 TDI 胶）；采用自黏性技术；采用低醛的 UF 胶，均能达到无游离醛散发或达到《室内装饰装修材料，人造板及其制品中甲醛释放限量》（GB 18580—2001）所要求的游离甲醛＜9mg/100g 限量标准。木材在加工过程中产生的废弃物和废弃木制品以及建筑木制品垃圾，可以综合利用和多次循环利用，不产生剩余物对环境的污染。

## 二、建筑木材的缺点及“绿化”处理

### （一）建筑木材的缺点

#### 1. 木材的含水率与湿胀干缩变形

影响木材物理力学性质和应用的最主要的含水率指标是纤维饱和点和平衡含水率。纤维饱和点是木材仅细胞壁中的吸附水达饱和而细胞腔和细胞间隙中无自由水存在时的含水率。其值随树种而异，一般为25%～35%，平均值为30%。它是木材物理力学性质是否随含水率而发生变化的转折点。

平衡含水率是指木材中的水分与周围空气中的水分达到吸收与挥发动态平衡时的含水率。平衡含水率因地域而异，我国西北和东北约为8%，华北约为12%，长江流域约为18%，南方约为21%。平衡含水率是木材和木制品使用时避免变形或开裂而应控制的含水率指标。仅当木材细胞壁内吸附水的含量发生变化时才会引起木材的变形，即湿胀干缩变形。由于木材构造的不均匀性，木材的变形在各个方向上也不同；顺纹方向最小，径向较大，弦向最大。因此，湿材干燥后，其截面尺寸和形状会发生明显的变化。

湿胀干缩变形会影响木材的使用特性。干缩会使木材翘曲，开裂，接榫松动，拼缝不严。湿胀可造成表面鼓凸，所以木材在加工或使用前应预先进行干燥，使其含水率达到或接近与环境湿度相适应的平衡含水率。

### 2. 木材的霉变与蛀蚀

木材的主要化学组成是木质素、纤维素和半纤维素以及许多次要成分，如树脂、脂肪、蜡、单宁、果胶质、蛋白质、淀粉等。纤维素是不溶于水的简单聚糖；半纤维素包含有几种不同化学结构的聚糖；木质素是一类复杂的芳香族物质，属天然高分子聚合物。从木材的化学结构组成含有单糖、聚糖、木糖、聚阿拉伯糖和碳水化合物，这都是虫蛀和蛀蚀的基本条件。木材的吸湿和降解又导致霉变，蛀蚀和霉变都会使木材的强度下降，而影响木建筑的强度和耐久性。作为一个基本原则，木材在使用之前，应做防霉和防蛀的处理。

### 3. 易燃

建筑防火是一项系统工程，它不是单单依赖于结构材料的耐火极限和燃烧性能。作为木材是一种可燃性材料，虽然木材燃烧，表面会产生炭化层减缓火焰进一步向木构件内部燃烧，但是炭化速度平均为 0.60 mm/min，依然存在向木构件内部燃烧的可能性，往往结合不同树种的炭化速度，可计算出木构件的尺寸，火灾后，构件应能保持原构件设计强度的85%～90%。

## （二）木材在建筑中的应用处理和保护

### 1. 合理干燥

木材干燥方法分自然干燥和人工干燥；人工干燥又有窑干、除湿干燥、太阳能干燥、真空干燥等多种方法，可根据不同需要加以选择，但生产中最常用的还是窑干法。

自然干燥即大气干燥（气干），具有投资小，工艺技术简单易行，不需要电和热源、干燥成本低等优点。但它的缺点是干燥程度受平衡含水率的限制（一般只能干燥到12%～15%的含水率），干燥周期长（据北京对东北红松等 10 种木材的测定，2～4 cm厚的板材由含水率 60%干燥到 15%，平均需 43 天）；需要较大场地，而且干燥过程中木材容易发生开裂、虫蛀、腐朽、变色等现象。

窑干又名室干、炉干。此法将木材置于干燥窑（室、炉）内，控制窑内干燥介质（空气、炉气、过热蒸汽）的温度、湿度与气流循环速度和方向，按预先制定的干燥基准进行木材的干燥处理。窑干的基建投资较大，成本较高，工艺复杂，但干燥速度快，能使木材干燥到任何规定的含水率，并可消除木材在干燥过程的内应力，防止开裂和翘曲等缺陷。为了降低干燥成本和提高干燥质量，可将气干和窑干联合使用，即先将湿木材气干到适当的含水率，然后窑干。

### 2. 防腐防蛀处理

目的是保护木材，防止木材虫蛀和腐朽。其过程是将木材置于封闭的容器内，加入水溶性防腐剂，经真空、加压使防腐剂渗透到木材的内部。渗透的深度和保留程度视木材在建筑中的使用部位而不同。处理后的木材，有效地防御了昆虫、微生物的噬食，大大地延长了木材的使用寿命，确保了建筑的使用寿命。通常使用的水溶性防腐剂包括氨溶柠檬酸铜（CC）、铬化砷酸铜（CCA）、氨溶季胺铜（ACQ）、铜唑（CuAz）和含硼防腐剂。应该注意的是防腐剂应对使用者安全并不给环境造成污染。

### 3. 防火处理

木材的防火处理在建筑上多是采用化学处理与复合处理，达到防火阻燃的效果。所谓化学处理是将阻燃剂（诸如：聚磷酸盐，硼酸+硼砂，磷酸氢二胺，镁盐复合磷酸盐，氢氧化铝与磷酸盐的复合）配制成一定浓度的溶液，和木材置于密闭的容器里，采取加压浸渍法使阻燃剂渗透到木材内部，达到阻燃防火的目的。应该说明的是木材经过阻燃处理能降低表面火焰燃烧速度，但不能提高构件的耐火等级。

#### 4. 结构保护

木材的结构保护是传统的保护方法，其基本措施是防止水分渗入木结构中并确保木材的干燥。室外建筑中的木材必须避免直接淋雨以及避免建筑物中水在木材表面的长期沉积。采取下列措施，可以降低水和潮气对室外木结构产生的影响。

（1）要使墙体的木结构部分离地面至少在 300mm 以上，以避免雨水溅到墙体的木结构上。

（2）要使屋檐有足够的宽度，避免屋顶的雨水流到墙面上。

（3）木制的外墙饰面板背后要留有通风的空间，避免死角和接口部位等有雨水沉积，确保受潮的结构部位能很快干燥。

（4）结构设计时，排出的雨水不能浸湿建筑的其他部位；排水管及槽的设计合理，保证雨水朝设计的方向流出；设计时木外墙和木结构表面要进行防水涂料保护，饰面的背面必须安全通风，通风带的宽度至少要 20 mm。

（5）连接部位的设计要考虑到湿度变化产生的收缩和膨胀不同对构件产生破坏。木墙体内部两端，由热端到冷端，水蒸气的隔离层逐渐减少。除此之外，木建筑的所有金属连接件必须是防锈的。

# 第四章　绿色墙体材料

## 第一节　绿色墙体材料的定义及种类

### 一、绿色定义

绿色墙体材料是采用清洁生产技术，少用天然资源和能源，大量使用工业或城市固态废弃物生产的无毒害、无污染、无放射性，有利于环境保护和人体健康的建筑材料。从长远来看，发展绿色墙体材料是我国墙体材料产业发展的基本方向；从现实来讲，绿色墙体材料产业是发展绿色建筑的迫切要求。未来会有越来越多的房地产商重视开发健康住宅，使用绿色建材。面对消费者对生活、健康质量的更高要求，绿色墙体材料产品将成为未来墙体材料工业发展的一道亮丽风景线。

绿色墙体材料基本上应具备以下几个主要特点，以区别于传统墙体材料：

（1）节约资源；

（2）节约能耗；

（3）节约土地；

（4）可清洁生产；

（5）具有多功能。对外墙材料与内墙材料既有相同的，又有不同等功能要求：外墙材料：要求轻质、高强、高抗冲击、防火、抗震、保温、隔音、抗渗、美观与抗大气等。内墙材料：要求轻质，一定的强度、抗冲击、防火、一定的隔音性、杀菌、防霉、调湿、无放射性、可灵活隔断安装与易拆卸等；

（6）可再生利用：达到其使用寿命后，可加以再生循环使用，而不污染环境。绿色建材是指在产品的原材料采集、加工制造过程、产品使用过程和其寿命终止后的再生利用四个过程均符合环保要求的一类材料。

### （一）利用工业废渣代替部分或全部天然资源墙体

我国每年工业废渣排放量已达约 7 亿 t，占地面积约 80 万亩，利用率不足 3%。实际上绝大部分废渣可用来制造墙体材料，其主要利用途径如下：

（1）用工业废渣代替黏土制造实心砖或空心砖，并以空心砖为主。例如粉煤灰砖、煤矸石砖、页岩砖、矿渣砖、煤渣砖等。若用以生产相当 1 000 亿块实心黏土砖的新型墙体材料，一年可消耗工业废渣 7 000 万 t，节约耕地 3 万亩，节约生产能耗 100 万 t 标煤，同时还可减少废渣堆存占地和减轻环境污染。

（2）某些工业废渣经一定的加工处理后可代替部分水泥混凝土砌块、加气混凝土砌块与墙板、纤维水泥板、硅酸钙板等。其中最值得利用的是粉煤灰。我国是世界上第三大粉煤生产国，仅电力工业年粉煤灰排放量已达亿吨，目前利用率仅 38%左右，主要用于筑路、制造粉煤灰水泥等。事实上，粉煤灰经适当处理后，可制造价值更高的若干墙体材料，如高性能混凝土砌块、压蒸纤维增强粉煤灰水泥墙板、加气混凝土砌块与条板等。

（3）某些工业废料如页岩、煤渣等可作为混凝土砌块或现浇混凝土墙的集料以代替天然石材，还可利用粉煤灰制成烧结的陶粒或非烧结的轻集料。

（4）磷石膏、氟石膏、排烟脱硫石膏等废渣可代替天然石膏制石膏板、石膏砌块等。

（5）我国城市的建筑垃圾也日益增多，目前年排放量已达 6 亿 t，亟待采取有效的处理办法，有人建议处理后，其中选出的碎石、碎砖、砂子等可供制作混凝土砌块或其他制品，选出的泥土则可供制砖。拆除的建筑物与构件的废砖与废混凝土经适当加工后也可作为集料用以制作混凝土砌块等。

（6）废弃的泡沫聚苯乙烯经破碎后作为轻集料与水泥或粉煤灰水泥混合制成的砌块或墙板，其防火性能显著高于大块的泡沫聚苯乙烯板。

### （二）压蒸产品

蒸压加气混凝土砌块是以水泥、石灰、矿渣、砂、粉煤灰、发气剂、气泡稳定剂和调节剂等物质为主要原料，经磨细、计量配料、搅拌浇注、发气膨胀、静停、切割、蒸压养护、成品加工等工序制造而成的多孔混凝土制品。主要适用于框架结构、现浇混凝土结构建筑的外墙填充、内墙隔断，也可应用于抗震圈梁构造多层建筑的外墙或保温隔热复合墙体，还可用于建筑屋面的保温和隔热。与传统的黏土砖相比，蒸压加气混凝土砌块可以节约土地资源，改善建筑墙体的保温隔热效应，提高建筑节能效果。

硅酸钙板与蒸压纤维水泥板均属短纤维增强的蒸压制品，前者以消石灰、$SiO_2$ 含量在 90%以上的硅质材料和轻集料为基体，外观主要特征是白色和低密度（0.9～1.4 $g/cm^3$）。后者以普通硅酸盐水泥和 $SiO_2$ 含量在 50%以上的硅质材料为基体，外观主要特征是灰色和高密度（1.4～1.7 $g/cm^3$）。

蒸压灰砂砖是以砂和石灰为主要原料，允许掺入颜料和外加剂，经坯料制备、压制成型、经高压蒸汽养护而成的普通灰砂砖。蒸压灰砂砖（以下简称灰砂砖）是一种技术成熟、性能优良又节能的新型建筑材料，它适用于多层混合结构建筑的承重墙体。

## 二、灰砂砖

### （一）灰砂砖制作工艺

#### 1. 原材料

砂子和石灰是生产灰砂砖的主要原料。砂子可用河沙、海沙、风积沙、沉积砂和选矿厂的尾矿砂等。砂中 $SiO_2$ 应＞65%，级配较好。石灰应采用生石灰，CaO＞60%，生石灰的质量直接影响灰砂砖的质量，故应尽可能选用含钙量高，消化速度快，消化温度高，过火和欠火石灰量少的磨细钙质生石灰。

#### 2. 混合料的制备

混合料的制备包含原材料的计量与搅拌、混合料的消化、混合料的二次搅拌等工序。制备混合料之前，必须进行配合比设计。设计配合比要考虑使砖坯有足够的强度和使产品达到事先确定的性能，如强度、耐久性、抗冻性和在侵蚀介质中的稳定性等。并非强度愈高愈好。产品强度高虽好，但强度愈高石灰就要用的愈多，对砂子质量要求就要越好，这就意味着成本提高。因此，配合比设计是找到技术上和经济上最优化的临界点。石灰的掺量以有效 CaO 计，一般占砂的 10%～15%。

### 3. 砖坯成型

成型是灰砂砖生产最重要的环节之一。包括四个生产工序：将松散的混合料加入压砖机磨中、加压成型、取出砖坯、码坯。

灰砂砖的成型压力越大，砖坯的密实度和强度越高。但压力过大，混合料的弹性阻抗大，反而使砖坯膨胀、层裂、故成型压力一般不超过 20MPa。加压时间对砖坯强度也有一定影响，压制时间过短，砖坯强度低，压制时间过长也没意义。

### 4. 蒸压养护

灰砂砖的结构成型是靠 $Ca(OH)_2$ 与砂子中的 $SiO_2$ 发生化学反应生成具有胶凝性质水化硅酸钙，将砂子胶结成整体而成。该反应在常温下速度极慢，无法满足生产需要，在高温（即蒸压养护）的条件下反应速度大大加快，可使混合料在很短时间内形成很高的强度。

蒸压养护在蒸压釜内进行，整个过程分为静停、升温升压、恒温恒压、降压降温四个程序。静停可以使砖坯中的石灰完全消化，提高砖坯的初始强度，从而防止蒸压过程中制品胀裂。蒸压养护的蒸汽压力最低要达到 0.8 MPa，一般不超过 1.5 MPa，在 0.8～1.5 MPa 压力范围内，相应的饱和蒸汽压温度为 170.42～198.28℃。升温升压速度不能过快，以免砖坯内外温差、压差过大而产生裂纹，恒温恒压 4～6h。未经蒸汽压力养护的灰砂砖只能是气硬性材料，强度低，耐水性差。

## （二）其他品种灰砂砖

### 1. 灰砂空心砖

灰砂空心砖的空洞率大于 15%，一般为 22%～33%，表观密度为 1 200～1 400 kg/m$^3$。该类砖规格有 240 mm×115 mm×53 mm、240 mm×115 mm×90 mm、240 mm×115 mm×115 mm、240 mm×115 mm×175 mm 四种，规格代号分别为 NF、1.5NF、2NF、3NF。

灰砂空心砖按五块砖的抗压强度平均值和单块抗压强度最小值分别划分为 7.5、10、20、25 等五个强度级别。抗冻性的合格要求同灰砂砖。

灰砂空心砖按尺寸偏差大小、缺棱掉角程度等外观质量指标划分为优等品、一等品和合格品三个质量等级。

### 2. 彩色灰砂砖

在普通灰砂砖混合料中加入适量矿物或无机颜料，如氧化铁红、氧化铁黄等，生产出彩色灰砂砖，用于砌筑清水墙。

## （三）灰砂砖的应用

灰砂砖经磨具压制，尺寸精度高，表观质量好，抗压强度较高，可替代黏土砖用于各种砌筑工程，也可用于清水砖砌墙，但因灰砂砖的组成材料和生产工艺与烧结黏土砖不同，某些性能与烧结黏土砖不同，施工应用时必须加以考虑，否则易产生质量事故。

（1）灰砂砖气体的收缩值比烧结黏土砖砌体高，为减少干缩，灰砂砖出窟一个月后才能上墙砌筑，使灰砂砖的收缩性在砌筑前基本完成。

（2）禁止用干砖或含饱和水的砖砌墙，以免影响灰砂砖和砂浆的粘结强度以及增大灰砂砖砌体的干缩开裂。不宜在雨天露天砌筑，否则无法控制灰砂砖和砂浆的含水率。由于灰砂砖吸水慢，施工时应提前2d左右浇水润湿，灰砂砖含水率宜为8%～12%。

（3）由于灰砂砖表面光滑平整、砂浆与灰砂砖的黏结强度不如烧结黏土砖的粘结强度高等原因，灰砂砖砌体的抗拉抗弯和抗剪强度均低于同条件下的烧结砖砌体。砌筑时应采用高黏性的专业砂浆。砂浆稠度为7～10cm，不能过稀。当用于高层建筑、地震区域或筒仓构筑物时，还应采取必要的结构措施，来提高灰砂砖砌体的整体性。在灰砂砖表面压制出花纹也是增大灰砂砖砌体整体性的有效措施。

（4）温度过高时，灰砂砖中的水化硅酸钙的稳定性较差，如温度继续上升，灰砂砖的强度会随水化硅酸钙的分解而下降。因此，灰砂砖不能用于长期超过200℃的环境，也不能用于受急冷急热的部位。

（5）灰砂砖的耐水性良好，处于长期的潮湿环境中强度无明显变化。但灰砂砖呈弱碱性，抗流水冲刷能力较弱，因此灰砂砖不能用于有酸性介质侵蚀的部位和有流水冲刷的部位，如水管处和水龙头下面等装置。

（6）对清水墙体，必须用水泥砂浆二次勾缝，以防雨水渗漏，房屋宜做挑檐。灰砂砖砌筑工程的施工和验收应符合《砌体结构工程施工质量验收规范》（GB 50203—2011）的有关规定。

## 三、其他胶凝材料制得的墙体材料

### （一）纸面石膏板、纤维石膏板与石膏砌块

用天然石膏煅烧成熟石膏，其能耗与对环境的污染显著低于硅酸盐水泥。我国既拥有丰富的天然石膏资源，今后有大量化学石膏可供使用，故原料来源不成问题。纤维石膏板是以石膏为基体，加入适量有机或无机纤维作增强材料制成的与纸面石膏板的性能相近，用途相同，用石膏砌块作轻质隔断不仅造价较低，而且实用。

### （二）硅镁条板

一种轻质复合硅镁板，它采用硅镁材料添加增强剂和木屑与竹片。横、纵向逐层复合，中间留有一排减重孔隔音，该板材适合建筑物非承重墙体的隔墙使用，强度高、质量轻、不变形、可承受挂物和钉钻、拼装容易，施工方便，是目前理想的房屋非承重内墙的隔墙材料。

### （三）无石棉纤维水泥板

目前石棉纤维水泥板一般还用作建筑材料，但由于石棉纤维粉尘含有致癌物，希望开发不使用石棉的纤维水泥板。过去曾使用玻璃纤维、碳纤维、尼龙纤维、聚丙烯纤维等取代一部分石棉纤维与用作主要原料的波特兰水泥生产纤维水泥板。但用这些纤维生产的水泥板均具有一定缺陷。所用水泥除硅酸盐水泥外，还可用由矿渣粉、排烟脱硫石膏与激发剂等配制而成的改性石膏矿渣水泥。当采用压蒸养护时，则只能使用纤维素纤维或沥青基碳纤维。

### （四）某些农业废弃物代替木质纤维制造人造板

用草褥、稻壳、麦秸、麻屑、蔗渣、花生壳、葵花秆、兰麻秆制得的有机胶结剂黏结人造板。其共同特点是原料来源广、生产能耗低容重小（容重在 0.4～0.9g/cm$^3$）、保温隔热好，防蛀、防腐，可加工性好。它们的耐火等级一般为 B1 级或 B2 级。可用于三级、四级耐火等级的普通建筑物中作为隔墙板。

用无机胶结剂（如水泥、石膏、镁质胶凝材料等）作胶结剂，并加入适量助剂，经

混拌、成型、加压养护等工序制成的平板。这类板材的特点是原料来源广、生产能耗低、自重小（0.9～1.39 g/cm$^3$）、导热系数不大，防水、防蛀、防腐，可加工性好等。它们的耐火等级一般可达到B1级。能用于二级、三级耐火的建筑物，可作隔墙板或外墙板。

## 第二节 详细介绍几种轻质墙板

### 一、纸面石膏板

纸面石膏板是以熟石膏（半水石膏）为胶凝材料，并掺入适量的添加剂和纤维作为板芯，以特制的护面纸作为面层的一种轻质板材。

我国自1978年以来生产纸面石膏。国内自行设计制造的第一条年产400万m$^2$的生产线在北京石膏板厂投产。1983年北京新型建材总厂有德国可耐福公司引进的年产2 000万m$^2$的成套生产线，通过对国外技术消化吸收，我国于20世纪80年代后期起已可自行设计制造年产400万～2 000万m$^2$的纸面石膏板生产线。近几年发展尤为迅速，在上海、天津、芜湖等地建立了若干中外合资纸面石膏生产厂，具有国际上90年代的先进水平，从而使全国纸面石膏板生产能力达到2.6亿m$^2$以上。

从各种轻质板隔断墙体材料来看，产量最大和机械化、自动化程度最高的是纸面石膏板，墙体内可安装管道与电线。墙面平整，装饰效果好，是较好的隔断材料。

制造纸面石膏板所用主要天然二水石膏或化学石膏（即工业副产品石膏，如磷石膏、烟气脱硫石膏等），使之经煅烧成为熟石膏，在制板芯时使熟石膏粉加水，并添加少量黏结剂、发泡剂、促凝剂等，经均匀混合成料浆。在辊式成型机上，使料浆浇注在正面的护面纸上，并护以背面护面纸，成为连续的板坯，待板坯凝固后，再使之切割、烘干、切边、包边等即得成品。经烘干后纸面石膏板的最终含水率小于2%。

天然石膏作为原料制造纸面石膏板生产工艺流程见图4-1。

#### （一）纸面石膏板分类规格尺寸及标记方法

##### 1. 产品分类

纸面石膏板按其用途分为：普通纸面石膏板、耐水纸面石膏板、耐火纸面石膏三种：

（1）普通纸面石膏板（代号 P）。

以建筑石膏板为主要原料，掺入适量轻骨料、纤维增强材料和外加剂构成芯材，并与护面纸牢固地黏结在一起的建筑板材。

（2）耐水纸面石膏板（代号 S）。

以建筑石膏板为主要原料，掺入适量纤维增强材料和耐水外加剂等构成耐水芯材，并与耐水护面纸牢固地黏结在一起吸水率较低的建筑板材。

（3）耐火纸面石膏板（代号 H）。

以建筑石膏板为主要原料，掺入适量轻骨料无机耐火纤维增强材料和外加剂构成耐火芯材，并与护面纸牢固地黏结在一起的改善高温下芯材结合力的建筑板材。

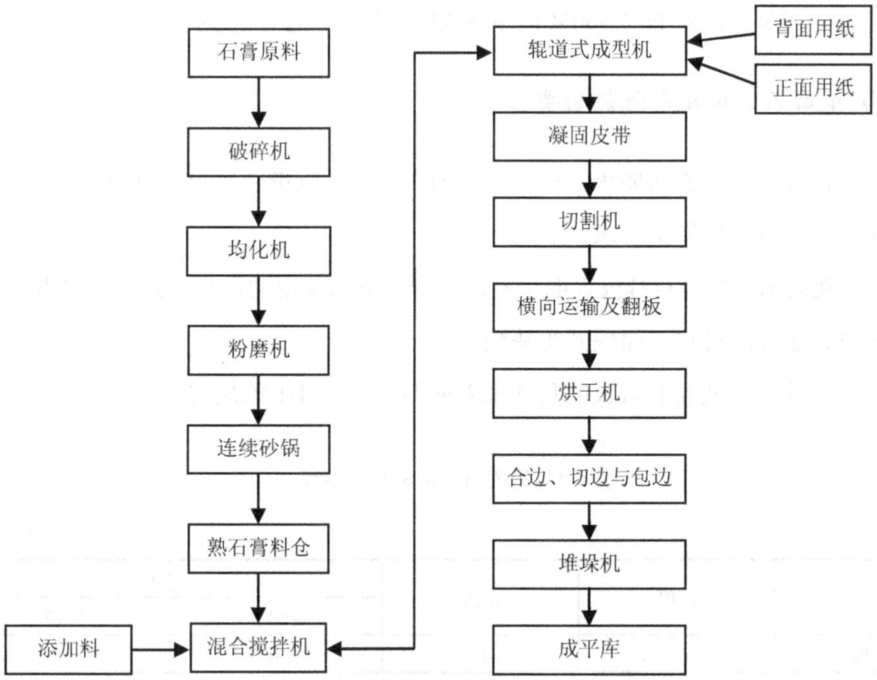


**图 4-1 纸面石膏板生产工艺流程**

### 2. 石膏板形状

纸面石膏板的边缘部分分为矩形、倒角形、楔形和圆形四种。

### 3. 规格尺寸

（1）纸面石膏板的长度为 1 800 mm、2 100 mm、2 400 mm、2 700 mm、3 000 mm、3 300 mm 和 3 600 mm。

（2）纸面石膏板的宽度为 900 mm 和 1 200 mm。

（3）纸面石膏板的厚度为 9.5 mm、15.0 mm、18.0 mm、21.0 mm 和 25.0 mm。可根据用户的要求，生产其他规格尺寸的板材。

### 4. 产品标记

标记方法：长度 3 000mm、宽度 1 200mm、厚度 12mm 带楔形棱边的普通纸面石膏板，标记为：纸面石膏板 PC3 000×1 200×12（GB/T 9775—2008）。

## （二）纸面石膏板技术性能新要求

纸面石膏板技术性能新要求应符合《纸面石膏板》（GB/T 9775—2008）。

纸面石膏板技术性能新要求：

（1）外观质量。纸面石膏板表面平整，不得有影响使用的破损、波纹、沟槽、污痕、过烧、污料、边部漏料和纸面脱开等缺陷。

（2）尺寸偏差。纸面石膏板的尺寸偏差应不大于表 4-1 的规定。

表 4-1 纸面石膏板的尺寸偏差

单位：mm

| 项目 | 长度 | 宽度 | 厚度 | |
|---|---|---|---|---|
| | | | ≥9.5 | ≥12.0 |
| 尺寸偏差 | −6～0 | −5～0 | ±0.5 | ±0.6 |

（3）对角线长度差。板材应切成矩形，两对角线长度差应不大于 5mm。

（4）楔形棱边断面尺寸。楔形棱边宽度为 30～80mm，楔形棱边深度为 0.6～1.9mm。

（5）断裂荷载。板材的纵向断裂荷载和横向断裂荷载值应不低于表 4-2 的规定。

表 4-2 板材的断裂荷载

| 板材厚度/mm | 断裂荷载/N | | | |
|---|---|---|---|---|
| | 纵向 | | 横向 | |
| | 平均值 | 最小值 | 平均值 | 最小值 |
| 9.5 | 400 | 360 | 160 | 140 |
| 12.0 | 520 | 460 | 200 | 180 |
| 15.0 | 650 | 580 | 250 | 220 |
| 18.0 | 770 | 700 | 300 | 270 |
| 21.0 | 900 | 810 | 350 | 320 |
| 25.0 | 1 100 | 970 | 420 | 380 |

（6）单位面积质量。板材单位面积质量应不大于表 4-3 的规定。

表 4-3 板材单位面积质量

| 板材厚度/mm | 单位面积质量/（$kg/m^2$） | 板材厚度/mm | 单位面积质量/（$kg/m^2$） |
|---|---|---|---|
| 9.5 | 9.5 | 18.0 | 18.0 |
| 12.0 | 12.0 | 21.0 | 21.0 |
| 15.0 | 15.0 | 25.0 | 25.0 |

（7）护面纸与石膏芯材的结合。护面纸与石膏芯材的黏结良好，按规定方法测定时，石膏芯材应不裸露。

### （三）纸面石膏板的应用

纸面石膏板具有轻质耐火、加工性好的特点，可与轻钢龙骨及其他配套材料组成轻质隔墙与吊顶。除能满足建筑上防火、隔音、绝热、抗震要求外，还具有施工便利、可调节室内空气湿度以及装饰效果好等优点，适用于各种类型的工业与民用建筑。

轻钢龙骨石膏板隔墙按构造可分为单排龙骨单层石膏板隔墙、单排龙骨双层石膏板隔墙，前一种用于隔声墙。轻钢龙骨石膏板隔墙主要用于内墙，需要具有一定的隔声性能，为提高隔声性能，可在墙体中腔填充轻质吸声材料，如岩棉毯等。

普通石膏板不宜用于潮湿环境，也不能用于与水接触的部位，因潮湿的环境石膏晶格面黏结力削弱，遇水晶体有溶解趋势，强度降低。洗手间、厨房等经常与水接触的墙体宜选用耐水石膏板。并在墙体下沿用 C20 混凝土浇筑一条与墙体一致的墙垫。

## 二、钢丝网架水泥夹芯板

钢丝网架水泥夹芯板是由三维空间焊接钢丝网架和内填泡沫塑料板或内填半硬质岩棉构成的网架芯板，经施工现场喷抹水泥砂浆后形成的，具有重量轻、保温隔热性好、安全方便等优点。

钢丝网架水泥聚苯板是钢丝网架水泥夹芯板的主要品种，该办法最早由美国研制开发，之后又在奥地利、比利时、韩国等国家相继问世。目前已经在世界各国得到较为广泛应用。我国首先在深圳华南建材有限公司于 1986 年全套引进美国卡文顿公司泰柏板的制造技术和设备，并于当年正式投产。此后引进的生产技术和设备有韩国的舒乐舍板、奥地利的 3D 板、比利时的 UBS 板和美国的英派克板。国内不少企业采用我国自行研制的设备生产，其中许多企业也有手工插丝，单点焊机的工艺技术进行生产。

### （一）钢丝网架水泥夹芯板主要类型

（1）按芯材填充材料分为轻质泡沫塑料（如聚苯乙烯泡沫、聚氨酯泡沫）；轻质无机纤维（如岩棉、玻璃棉）。

（2）按结构形式分为。

①集合式：这种板先将两层钢丝网用“W”钢丝焊接起来，然后在空隙中插入芯材，如美国 CS&M 公司的 W 板和 Covintec 公司的泰柏板。

②整体式：这种板先将新材置于两层钢丝网之间，再用连接钢丝穿透芯材将两层钢丝焊接起来形成稳定的三维桁架结构。比利时的 Sismo 板、奥地利的 3D 板、韩国的 SRC 板均为此类。

### （二）钢丝网架水泥夹芯板的主要性能

（1）原材料性能：

①钢丝。直径 2.1mm 的低碳冷拔镀锌钢丝，抗拉强度为 550～650MPa。

②聚苯乙烯泡沫塑料。自熄型，表观密度 16～24kg/m$^3$，抗压强度≥0.08MPa，导热系数为 0.047W/（m·K），厚度 54mm。

③岩棉板。半硬质，表观密度 100～1200kg/m$^3$，导热系数为 0.040 7W/（m·K），厚度 50mm。

④聚合物水泥砂浆 1∶3，水泥砂浆掺适量聚合物乳液，表观密度 1 700～1 800 kg/m$^3$，导热系数为 0.093W/（m·K）。

(2)外观质量及尺寸允许偏差：钢丝网架轻质夹芯板材外观质量及尺寸偏差见表 4-4。

**表 4-4 钢丝网架轻质夹芯板材外观质量及尺寸允许偏差**

| 序号 | 项目名称 | 名义尺寸/mm | 允许偏差/mm | 序号 | 项目名称 | 名义尺寸/mm | 允许偏差/mm |
|---|---|---|---|---|---|---|---|
| 1 | 宽度 | 1220 | ±5 | 6 | 端面平整度 | — | ±5 |
| 2 | 厚度 | 70～76 | ±3 | 7 | 漏焊点 | — | 2% |
| 3 | 长度 | 自选 | ±5 | 8 | 横丝间距 | 50.8 | — |
| 4 | 对角线 | — | ±15 | 9 | 局部挠曲 | — | ≤5mm |
| 5 | 横截面中心位移 | — | ±3 | 10 | 侧向弯曲 | — | ≤5mm |
| | | | | 11 | 产品外观 | 平整无变形 | |

从表 4-5 可以看出，水泥钢丝网架类复合墙板与轻质板材比较，在物理学性能方面有如下几个特点：

①力学性能指标较高。这几种板材的轴心抗压和横向抗弯强度较高，因此不仅可以用于非承重墙体，还可以用做低层（2～3 层）建筑的承重墙体和楼板、屋面板。

②保温性能好。以聚苯泡沫塑料或岩棉保温板为芯材的此类复合板导热系数小、热阻高。110mm 厚的板材，其保温性能优于二砖半厚的砖墙。但因其表观密度（平均密度约为 1 000kg/m$^3$）小于红砖，故蓄热系数较低，隔热性能仅相当于一砖厚的墙砖。

③隔声性能好。无论是泰柏板、舒乐板还是 GY 板，其隔声性能都很好，隔声量超过 40dB，因而适合作分户隔墙。

**表 4-5 水泥钢丝网架类复合墙板的主要性能指标**

| 项目名称 | 单位 | 性能指标 | | |
|---|---|---|---|---|
| | | 泰柏板 | 舒乐板 | GY 板 |
| 面密度 | kg/m$^3$ | <110 | <110 | <110 |
| 中心受压迫坏载荷 | N/m | 280 | 300 | 180～220 |
| 横向破坏载荷 | kN/m$^2$ | 1.7 | 2.7 | 2.7 |
| 热阻 | m$^2$·K/W | 0.48 | 0.879 | 0.8～1.1 |
| 隔声量 | dB | 45 | 55 | 48 |
| 耐火极限 | h | >1.3 | >1.3 | >2.5 |
| 资料来源 | | 北京亿利达轻体房屋有限公司 | 山东蓬莱聚氨酯工业公司 | 北京新型建材总厂 |

④耐火性能比较好。按现行标准试验方法对上述三种板材的耐火性能测试结果表明，其耐火极限均不低。GY 板已超过建筑构件一级防火要求；泰柏板和舒乐板已接近一级防火等级。但由于泰柏板和舒乐板均采用聚苯泡沫塑料芯材，温度超过 70℃时芯材会熔化，在烈火作用下砂浆层开裂会冒出白色烟雾令人窒息。因此，为保证该类板材在建筑工程中安全使用，符合防火要求，生产企业必须为施工单位提供板材的安装施工规程、标准并参与指导。施工企业必须按照规程施工，确保质量，特别是水泥砂浆层厚度和完整性。

另外，公安部消防部门要求，此类板材的耐火极限不应小于 1h，聚苯芯材的氧指数不应小于 30，水泥砂浆外复层厚不得小于 25mm。达到此防火要求的板材可以在二类高层建筑的面积不超过 100m$^2$ 的房间用做隔墙；在高度超过 100m 的一类高层建筑中，人员不超过 50 人，面积不超过 100m$^2$ 的房间也可用此类板材做隔墙（上述规定引自 1994 年 12 月 6—7 日在北京召开的“钢丝网架水泥聚苯乙烯复合板材防火安全问题论证会”会议纪要）。

### （三）应用技术要点

（1）水泥钢丝网架类复合墙板，用于墙体时允许轴压荷载和允许侧向剪力不大于表 4-6 所列数值。

**表 4-6 水泥钢丝网架类复合板允许载荷极限**

| 墙板高度/m | 允许轴压荷载/（kN/m） | 墙板高宽比 | 允许侧向剪力 |
|---|---|---|---|
| 2.4 | 88 | 0.5 | 6.4 |
| 2.7 | 81 | 1.0 | 5.6 |
| 3.0 | 72 | 2.0 | 4.6 |
| 3.3 | 61 | 4.0 | 3.5 |
| 3.6 | 48 | — | — |

（2）钢丝网架轻质夹芯板必须严格按照设计要求进行安装。89SJ34 图集建议：

①用做隔墙的钢丝网架夹芯板厚度 100 mm，墙高极限 4.5 mm，采用配套连接件与主体结构的梁柱和地面连接。夹芯板之间及夹芯板与门窗之间用钢丝网片增强或配置加强钢筋。隔墙过长时，应配置加强型钢。抹面砂浆强度应不低于 M10。

②用做维护外墙的钢丝网架夹芯板，应该与框架的梁柱或现浇圈梁中预埋的连接钢

筋进行可靠的连接。夹芯墙可以自承重，每三层增设一道支承，必要时可在维护外墙内侧曾抹 30mm 厚的保温砂浆，以提高夏季隔热性能，耐火极限也可达 2h。

③用做复合外墙外保温层的钢丝夹芯板，应该穿过主体砖墙或钢筋混凝土墙中的预埋防锈钢筋，并靠紧主墙。然后将连接钢筋弯平与夹芯板外网捆牢，夹芯板拼缝处垫以 10mm 厚 50mm 宽的聚苯条，外膜 13mm 厚的水泥砂浆。钢筋混凝土筑墙和过梁的门窗洞口四周贴 20mm 宽的聚苯条，避免产生热桥。

（3）要特别注意防止抹灰层产生裂缝。建议设计与施工采取如下措施：

①设计高墙或长墙时，板块大小要均匀，力求减少拼缝。

②要选用抗裂性好的聚合物水泥砂浆或石膏抹面砂浆，严格按程序抹灰，即先抹底灰，待底灰硬解后再抹面灰。

③为防止一侧抹灰引起墙体变形，应在不抹灰的一侧设好支撑。当一侧抹实底灰后，立即抹另一侧底灰。两侧底灰均抹好后，再抹面灰。这样可减少两侧面板受力和收缩变形不均匀。

④抹灰前应先安装好管线及预埋件，防止后凿孔洞。

## 三、金属面夹芯板

我国金属面夹芯板于 20 世纪 60 年代开始生产，80 年代末以来，由于轻钢结构在民用、工业建筑中广泛应用，带动了金属面夹芯板的应用。金属面聚氨酯夹芯板和金属面聚苯乙烯夹芯板得到较大发展。近几年发展更为迅速。同时，岩棉夹芯板也得到越来越广泛的应用。

目前，我国生产的金属面聚氨酯夹芯板和金属面聚苯乙烯夹芯板的质量，在技术性能与外观质量上均已达到或接近国外同类产品水平，并已向国外出口。

金属面夹芯板重量轻、强度高、具有高效绝热性；施工方便快捷；可多次拆卸，可变换地点重复安装使用，有较高的耐久性；金属面夹芯板可被普遍用于冷库、仓库、工厂车间、仓储式超市、商场、办公楼、洁净室、旧楼房加层、活动房、战地医院、展览场馆等的建造。

### 1. 原材料

（1）面层材料。金属面夹芯板常用的面层材料见表 4-7。

表 4-7 金属面夹芯板常用的面层材料

| 面材种类 | 厚度/mm | 外表面 | 内表面 | 备注 |
|---|---|---|---|---|
| 彩色喷涂钢板 | 0.5～0.8 | 热固型聚树脂涂层 | 热固型环氧树脂涂层 | 多层集采镀锌钢板，外表面两涂两烘，内表面一涂一烘 |
| 彩色喷涂镀铝锌板 | 0.5～0.8 | 热固化型丙烯树脂涂层 | 热固化型环氧树脂涂层 | 金属基材铝板，外表面两涂两烘，内表面一涂一烘 |
| 镀锌钢板 | 0.5～0.8 | | | |
| 不锈钢板 | 0.5～0.8 | | | |
| 铝板 | 0.5～0.8 | | | 可用压花铝板 |
| 钢板 | 0.5～0.8 | | | |

（2）芯体材料。

聚氨酯。芯体材料采用硬质聚氨酯泡沫塑料。硬质聚氨酯泡沫塑料由 A、B 组分混合而成。改变其配方，可以改变泡沫体的表观密度和反应时间。

聚苯乙烯。芯体材料常采用由聚苯乙烯颗粒加热熟化成型而得到的聚苯乙烯泡沫塑料板材。

岩棉。由精选的玄武岩为主要原料，经高温熔融而成的人造无机棉。在岩棉中加入适量热固型胶黏剂，经加工而成岩棉板。

（3）黏结剂。聚氨酯材料黏结性好，能将芯材和面板牢固地黏结住，故不需要黏结材料。聚苯乙烯泡沫板和岩棉芯板用聚氨酯胶或改性酚醛酯胶与面板黏结。

生产工艺：金属面聚氨酯夹芯板的生产工艺流程见图 4-2。

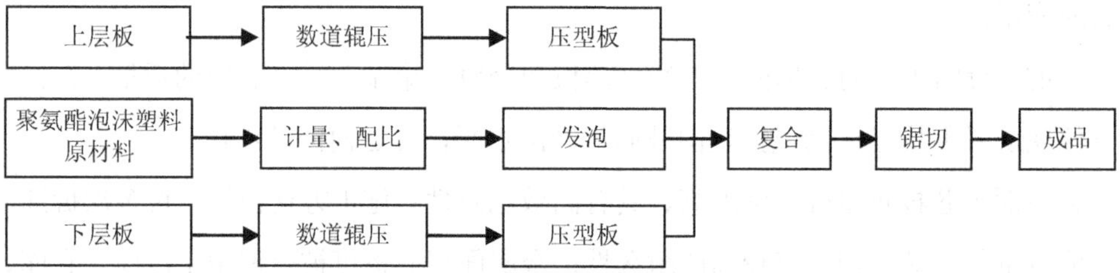


图 4-2 金属面聚氨酯夹芯板的生产工艺流程

金属面聚苯乙烯夹芯板与金属面岩棉板的生产工艺基本相似，主要工艺流程见图 4-3。

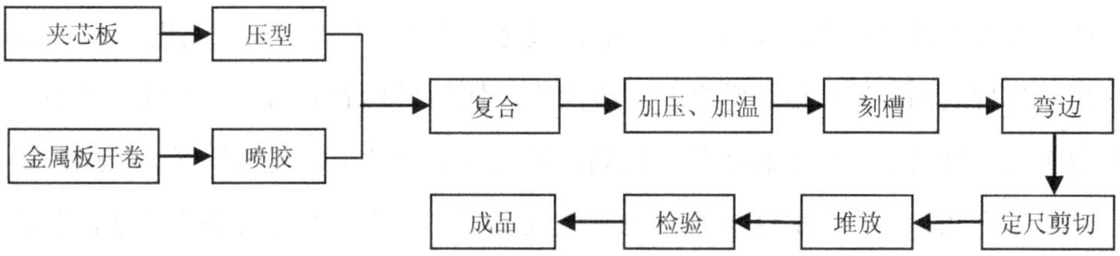


图 4-3 金属面聚苯乙烯夹芯板与金属面岩棉板的生产工艺流程

### 2. 金属面夹芯板的应用

金属面夹芯板主要用于房屋的非承重围护结构，有时也有做承重、围护两用的组合房屋建筑板材。金属面夹芯板施工时，板与板之间用橡胶封条或其他方法密封。一般小型建筑墙板通过上下固为定点与楼板和地面固定即可。这种方法也可用于纵横墙的连接。大型建筑的墙板须通过棣条来固定。板与板之间的连接，水平缝为搭接缝，垂直缝口为企缝口。在墙角的内外转角用角铝包角加固。在运输和吊装条件允许的情况下，尽可能采用较长尺寸的板，转角时将内侧板和保温层切出 V 形口，折成转角。长尺寸可减少搭接缝，从而减少渗漏的可能性，提高保温隔热效果。墙体纵向采用搭接连接，用拉铆钉连接。

## 第三节 绿色墙体材料的生产现状发展意义

### 一、生产现状

自 20 世纪 80 年代以来，我国先后从国外引进关键设备及技术并建成了一批具有国际先进水平的墙体材料生产线，包括利用工业废渣空心砖生产线、小型混凝土空心砌块生产线、轻型板材生产线等。通过不断消化吸收国外先进技术，我国墙体材料工业的科研、开发、设计能力有了很大的提高，工艺技术和机械装备水平部分已经接近和达到国外同类水平。以烧结制品为例，我国开发设计了适合我国实际的大型平吊顶隧道窑和干燥室，开发生产出了一系列适合各种规模的成套设备和自动化控制系统，满足了我国大规模综合利用废渣（煤矸石、粉煤灰）生产烧结空心砖生产的需要，烧结墙体材料空心化工艺技术日趋成熟，生产设备向大型化、生产向规模化、生产过程向自动化发展，劳动生产率大幅度提高；设计兴建了一大批机械化自动化程度高、技术先进、生产规模大、产品空心化程度高、质量好、综合利用废渣生产墙体材料的清洁化生产线，其中一些是与电力工业、煤炭工业按生态链共生的高掺量粉煤灰烧结空心砖生产线、粉煤灰加气混凝土砌块生产线、煤矸石烧结空心砖生产线或全煤矸石烧结空心砖等生产线，形成一个与电厂、煤矿相互共存的工业生态循环系统。充分利用电厂排出的粉煤灰和煤矿排出的煤矸石工业废渣作为生产墙体材料的原料，不仅降低了电厂、煤矿治理污染的费用，而且降低了墙体材料生产的成本，减少了工业废渣对环境产生的影响。但是还应看到，我国墙体材料行业总体水平还相当落后，由于历史的原因，目前实心黏土砖的年产量高达5 300 亿标块，资源、能源浪费大、污染严重的小型实心黏土砖生产企业占到 90%以上，生产基本上采用的是落后的生产工艺，生产采用简易的设备，如成型设备主要还是非真空挤出机，干燥采用自然干燥，简易轮窑烧成，干燥码垛、焙烧装出窑，主要靠体力，劳动强度大、劳动条件恶劣。能源利用率低下，焙烧烟气自然排放。一方面环境污染相当严重，另一方面生态问题日益突出，是典型的传统“开发资源—制品产品—排放废物”的开放式生产模式，能源高、资源浪费大，对生态环境造成了严重的影响，这是今后阶段清洁化生产治理的重点。随着我国墙体材料行业实施循环经济战略，要不断淘汰落后技术、工艺和产品，淘汰和改造实心黏土砖生产企业，大力发展空心制品，实施墙体材料的清洁化生产，走新型工业化道路，最终将实现墙体材料增长方式的改变。

## 二、意义

### （一）是实施可持续发展战略的要求

我国是世界上黏土实心砖墙体材料的生产大国、墙体材料年产量达 7 000 亿块，远远高于其他任何国家。我国耕地面积仅占国土面积的 10%，不到世界平均水平的一半。我国房屋建筑材料中 70%是墙体材料，其中黏土砖墙体材料占据主导地位，生产黏土砖墙体材料每年耗用黏土资源达 10 多亿 $m^3$，相当于毁田约 50 万亩，同时，每年生产黏土砖墙体材料消耗 7 000 多万 t 标煤。如果实心黏土砖墙体材料产量继续增长，不仅增加墙体材料的生产能耗，而且导致新建建筑的采暖和空调能耗大幅增加，将严重加剧能源供需矛盾，黏土实心砖墙体材料的生产消耗大量的土地资源和能源，对环境造成污染。用黏土实心砖墙体材料砌筑的外墙保温性能差，也不利于建筑节能与环保，我国不仅能源不足，而且耕地紧张，实施可持续发展战略，加强生态建设和环境保护是我国的一项基本国策。

新型绿色墙体材料是保护土地资源，节约能源、资源综合利用，改善环境的重要措施，也是可持续发展战略的重要内容。随着人口的增长，经济持续快速发展，资源和环境的压力越来越大，必须从根本上改变传统墙体材料大量占用耕地、消耗能源、污染环境的状况，因此要大力发展节能、节土、利废、保护环境和改善建筑功能的新型墙体材料，取代能耗高，占地毁田和建筑节能差的黏土实心砖墙体材料，具有深远的历史意义，也是造福子孙后代的千秋大业。

### （二）是国民经济快速发展和实现住宅产业现代化的要求

随着国民经济的持续、快速，健康发展和消费市场需求的变化，居民住宅将成为新的消费热点。“十五”期间，我国全社会房屋年竣工面积达到 20 亿 $m^2$，建筑业增加值年均约 7 500 亿元，其中城市住宅年需求量将保持在约 15 亿 $m^2$，住宅产业的投资增长率已远远大于 GDP（国内生产总值）的年增长率，这为新型墙体材料带来了新的机遇和广阔的市场前景，同时也对新型墙体材料的发展提出了明确的要求。

### （三）推动建材行业结构调整

结构调整是“十一五”时期经济工作的主线，用新型墙体材料代替“秦砖汉瓦墙体材料”是建材工业结构调整的重要内容。积极推广运用新型墙体材料，用先进技术和装备改造传统产业，提升墙体材料行业的整体水平，提高建材产品的质量和档次是“十一五”建材工业发展的方向，发展新型墙体材料是实现建材工业结构调整的需要，同时为新型墙体材料快速发展创造了十分有利的条件。

## 第四节　绿色墙体材料发展的问题及措施

### 一、绿色墙体材料发展中遇到的问题

我国新型墙体材料产品品种虽然不少，但许多品种产量较小，在推广应用中大致还存在以下几方面的缺点：一是因为新型绿色墙体材料发展的历史不长，在一般情况下生

产这些新型墙体材料的企业规模比较小，有的处于仿制阶段，缺乏科研和产品迅速更新的能力，缺乏完善的质量保证体系，缺乏快速的信息反应系统，对产品缺陷的预防，发现问题的处理，防止问题的再发生等方面，还处于小规模生产的水平。而一个新型建材企业的发展过程，又必须经过较长的时期才能壮大，要保证产品质量，保证售后服务，必须依靠企业在发展中不断完善；二是新型墙体材料的推销手段落后；三是新型墙体材料的辅助材料不能配套销售；四是现在中小施工队伍用的工人缺少上岗前基本培训，他们对新材料、新工艺并不了解。

由于新型墙体材料的不断完善，它的优越性能已经得到社会普遍的认同，也将会有更加宽广的发展领域，同时我们应采取各种措施进一步促进新型墙体材料的应用。制定相应的政策、法规，明确发展什么、限制什么、淘汰什么、采取行政手段和经济手段并举，以促进新型墙体材料的发展。

（1）重视产品质量的提高，建立健全质量保证体系，严格产品从材料采购到售后服务全过程的质量管理。通过管理来增加效益和利润，在提高质量的同时要积极开发新产品，满足市场多方面的需要，要注意用户对新产品配套技术的需求，避免复杂的施工工艺。

（2）大力开发绿色产品，减少污染、保护环境、保护资源。绿色墙体材料在保持一般墙体材料抗震、防裂、防水、防火、隔声、保温、绝缘、防腐、轻质、高强性能外，它还具有节能、无毒、防静电、防污染、有机物含量为零、可吸附分解有害细菌的特性。此外，绿色墙体材料还应符合：来源是清洁的；在加工、生产中不排出污染物；在安装、使用时不影响人的健康；可以再生。

（3）新型墙体材料在满足使用功能的同时，它的价格应是能够被市场和用户接受的。目前我国建筑能源浪费严重，通过对新型墙体材料的大力开发利用，必然对合理利用资源，改善人类生存环境起到极大的推动作用。

## 二、具体措施

### 1. 墙体材料研究开发

产品的开发、研究要按照产品生态设计的要求，在原料的选用、材料功能设计、制作工艺以及使用寿命、后期回收再利用各个环节，做到对资源和能源的消耗最低，对环境影响最小。力求在减少生态环境负荷的同时，资源（物质）最有效地形成最佳的产品。在利用再生资源特别是利用工业废渣、尾矿制作墙体材料时，首先确定所用的原料无毒、无害、无放射性；其次应该以科学态度对所开发墙体材料的建筑功能和产品定位、材性进行系统的研究、试验，进行科学论证。在保证墙体材料性能的情况下确定生产中应该控制的工艺参数，最后还要对所开发的墙体材料的建筑应用进行深入的研究，以确保建筑工程质量。材料的强度、耐久性、体积稳定性、抗冻性、抗渗漏性能，砌筑性能包括砂浆黏结性等直接关系到建筑的使用寿命即墙体材料的使用寿命，要保证在建筑的使用寿命期内这些性能长期稳定。在这个前提下，科学地设计材料，确定工业废渣的掺量。切不可一味地追求加大掺配比例，而降低了产品性能。在现阶段不仅要重视开发和推广，更重要的是注重研究，使材料在建筑上普遍推广应用中更具可靠性。目前为利废而开发的墙体材料的生产设备和工艺基本上大体上固定，但在实际生产中利用的废渣性质千差万别，造成了产品性能相差甚大。因此，必须对不同的原料、不同的生产环境下的生产进行个性化的研究。

### 2. 优化墙体材料的产品结构

我国墙体材料的基本产品结构为烧结建筑制品类、建筑砌块类及板材类。到目前为止，我国墙体材料的主导产品仍然是烧结建筑制品，约占墙体材料总量的85%，其次为各类建筑砌块，约占墙体材料的12%，建筑墙板材约占2%，其他为各种非烧结砖等。烧结建筑制品有着优良的性能，既有装饰性又具承重的功能。由它砌筑成的墙体，建筑环境优美，冬暖夏凉，可调节建筑物的湿度，居住舒适；与人的亲和力好，不会释放有害物质，与它接触时也不会受到伤害。耐久性好，能抵御恶劣环境和腐蚀性的物质，体积稳定，可避免墙体裂纹，使用寿命长。还具有优良的防火性能。做成的多孔砖、空心砖是质轻高强的材料，具有良好的保温隔热性能，同时又可以改善墙体的防震抗震性能，是我国目前大力推广鼓励发展的新型墙体材料。正是由于它具有优良的性能，长期以来在国内外被广泛采用。它未来又是构筑生态住宅的理想材料，烧结砖瓦产品有着强大的生命力。烧结砖同时具备如此之多的优异性能是其他墙体材料难以替代的。在国外，烧结砖瓦砌筑的房屋成为金钱和富有的象征。建筑砌块比烧结砖块型略大，许多物理力学性能与烧结砖相仿，可以广泛应用于各类建筑，它适用于多种建筑体系，特点是可承重，整体性好，施工进度快。由于生产原料不用土，投资约为烧结砖的60%，工艺简单、机械化程度高，近年来发展较快。建筑板材的最大优势在于规格尺寸模数化和施工装配化，工厂化预制及装配程度高，这也符合了我国住宅产业现代化的必然趋势，使得产品的质量和工程质量更易于控制，它施工效率比砌筑提高3倍以上，节约原材料达50%，减薄墙体厚度扩大使用面积，减轻墙体自重，降低基础造价，可以提高建筑的综合经济效益。有代表性的建筑用轻板有以石膏为胶凝材料的轻质板材、秸秆纤维板、加气混凝土板材等。墙体材料有很强的地方性和区域性，其发展受到资源、自然条件、经济发展水平、建筑结构风格、习俗等多方面的影响。按循环经济发展模式总的发展趋势是走利用再生资源、减少能源的消耗，对环境影响低、轻质高强、功能化、复合化、配套化、易于施工、劳动强度低的发展道路，改变传统的产品结构，力求从墙体材料产品的这一根源上做到对资源、能源的减量，对环境负荷的减量。各地应坚持因地制宜的原则确定墙体材料的主导产品。淘汰用落后生产工艺生产的质量低劣的黏土实心砖黏土的使用将不断大幅度减少，烧结墙体材料向优质、空心化、装饰化、高档次化的方向发展，重点是烧结多孔砖、空心砖，特别是非黏土和利用工业废渣烧结制品，如煤矸石烧结空心砖和粉煤灰烧结空心砖；建筑砌块向系列化、空心化、装饰和多功能方向发展，重点是承重混凝土空心砌块、非承重的混凝土空心砌块和加气混凝土砌块—粉煤灰加气混凝土砌块；板材向轻质、高强、档次高、质量好，保温、隔热、防火、易于施工的方向发展，发展加气混凝土轻板、纸面石膏板、石膏刨花板、水泥刨花板等，重点是承重轻板和集装饰于一体的轻板及复合板材。烧结墙体材料、建筑砌块、建筑板材要广用再生资源，使粉煤灰、煤矸石等工业废渣、建筑垃圾和生活垃圾等废弃物得到有效利用；要积极研究和开发利用工业废渣替代部分或全部天然资源，用对人体无害的纤维代替石棉纤维生产水泥板与硅钙板；其他各种非烧结砖发展重点是粉煤灰蒸压砖、蒸压灰砂制品。

### 3. 墙体材料的清洁化生产

清洁生产是指将综合预防的环境策略持续地应用于生产过程和产品中以便减少对人类和环境的风险性，是墙体材料企业层面上的循环发展模式。从我国目前的产品结构以及现状可以看出，清洁化生产的重点放在采用先进的工艺、技术和装备，对资源、能源消耗的减量上，以及污染的控制减量和净化上。烧结砖清洁生产工艺见图 4-4。烧结制品的基本生产工艺为：原料的开采、原料的破碎处理、陈化、成型、干燥、焙烧、出成品。其中最典型的为一次码烧煤矸石烧结空心砖和二次码烧粉煤灰烧结空心砖清洁化生产工艺，其特点是采用现代化生产工艺和设备，高效挤出机、同步垂直切坯、机械码坯；采用大型宽断面或大断面平吊顶隧道窑；窑炉、干燥采用温度、湿度、压力全自动控制系统，二次码烧还配全自动上下架系统；整个生产线实现全自动控制；生产的多孔砖、空心砖的合格率达到95%以上。生产设备冷却水、真空泵用水全部循环使用，生产中的废料全部由回收设备再回收利用，无粉尘、无噪声，采用先进的烟气净化技术和设备，气体排放达到国家标准。整个生产线干净、整洁，生产人员少，劳动生产率高，厂区经精心绿化设计，环境优美。煤矸石的掺量根据不同的情况可以最多达 100%；粉煤灰掺量可以达 30%～60%，多孔砖孔洞率为 30%，空心砖的孔洞率为 45%以上。大大减少了资源、能源消耗，减少了对环境的影响。

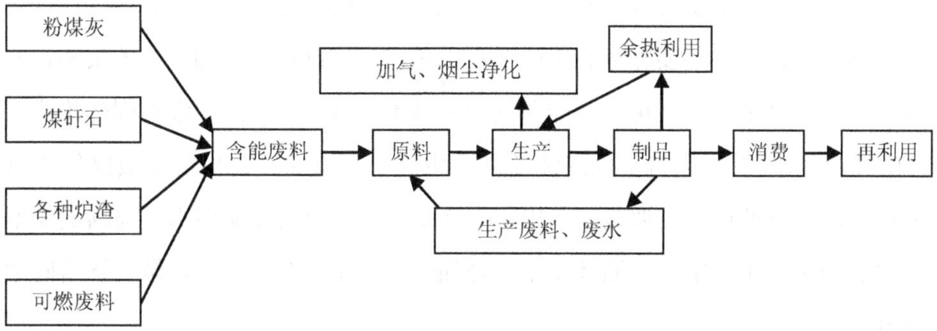


**图 4-4 烧结砖清洁生产工艺**

清洁化生产措施主要体现在以下几方面：

（1）采用产品空心化的生产技术。

生产多孔砖、空心砖、空心砌块对原料处理、成型、干燥、焙烧方面有特殊的工艺要求，如原料的颗粒细度及组成、塑性等，所以要采用先进合理的生产工艺路线，优化工艺和工艺参数，合理选型。生产中产品合格率高达 95%以上。与实心砖相比，多孔砖孔洞率为 25%以上，可节约原料 25%，能耗减低 10%～15%；空心砖的孔洞率为 45%，可节约原料 45%，能耗减低 20%～30%，采用产品空心化生产技术，实现对资源、能源的减量，对排放气体的减量。

（2）采用内燃烧砖技术，有效利用资源。

内燃烧砖技术在我国制砖行业已广泛采用，原料中掺加含能的工业废渣和废料不仅可以减少资源的消耗，而且可以减少能源消耗。如生产烧结砖时利用烧失量较高的粉煤灰和有一定发热量的煤矸石、工业炉渣、锯末、农作物秸秆等。资源上首先应采取合理利用的原则，黏土矿资源是人类宝贵的矿产资源，它的开采应该采取有利于合理利用，不破坏生态环境或对生态环境影响很小，在法规以及规划允许的范围内选择储量足够大、较适宜制砖的原料进行开采，并最大限度地将其转化为优质产品。发展中要充分考虑到对生态系统的修复能力，严禁毁田制砖，实现原料上减少资源的消耗和能源的消耗。其次采取综合利用的原则，在保证产品质量和满足建筑功能的前提下，应尽量多地利用工业废弃物或工业废渣、工业尾矿、江河淤泥等，减少资源的用量；要积极研究和开发多种能源和资源利用的途径。

（3）采用余热、废料循环再利用技术。

干燥、窑炉是用能较大的设备，除了在结构上要做到保温隔热要好，密封结构合理，燃料燃烧效率要高外，还要充分利用隧道窑、轮窑焙烧过程中冷却制品的余热，抽取送往干燥室用于坯体的干燥，可提高能源利用的效率。烧结砖生产中没有固体物排放，成型中的边料可以回收到原料工段继续使用。生产中少量的废砖也可经破碎作为原料使用。制砖生产过程的用水主要是设备用水如冷却水、真空泵介质用水以及满足成型需要用水，设备用水在生产中可以循环使用或是加入原料中作为成型水，做到烧结砖生产中无废水排放。

（4）工艺装备上采用效率高、节能设备。

用高效设备替代能耗高的设备，如节能风机、高效节能破碎设备、搅拌挤出设备、成型设备等，可以适应多品种的要求（功能齐全），做到设备运行成本低、运行可靠、故障率低。维修费用低或不需维修，维修方便，操作控制方便安全；采用先进的变频、增容补偿等措施，提高电能利用效率。生产过程采用的技术含量高，生产效率高的自动控制智能化技术，减少人为控制不当产生的能耗。

### 4. 新型绿色墙体材料与建筑节能科研应优先进行以下几个方面工作

（1）研制利用工业废渣替代天然资源的墙体材料，如利用电厂的粉煤灰和脱硫灰渣、宝钢的废渣、苏州河的污泥、长江的粉细砂等生产生态型墙体材料；积极开发和发展非烧结（蒸压）的高掺量粉煤灰墙体材料制品，优化其配合比和选择先进的生产装备及工艺技术。

（2）开发多排孔的保温复合砌块，轻质混凝土保温砌块，包括各种轻质原料、轻质填料等混凝土砌块，开展保温隔热材料品种的拓宽及其耐久性研究。开发吸水率低、密实度高的大尺寸集保温与装饰功能为一体，以及适应外墙高保温和轻质、抗剪应力要求的烧结空心砌块，大力推广采用结构（配筋）砌块+保温材料+装饰的外墙保温结构体。

（3）生态环境墙体材料，研究城市固体废弃物资源型生态环境材料的再生利用技术，同时与利废相结合开展生态环境型墙体材料研究，利用生态混凝土进行“墙体垂直绿化”，采用农作物废弃物代替木制纤维生产人造板，用对人体无害的纤维代替石棉纤维生产水泥板材等。

（4）研究围护结构的功能及质量的改善与提高，在现有结构体系基础上发展新型墙体砌筑节能材料，同时加大对保温材料的技术研究，研究建筑节能的评估与检测新技术、新方法。

# 第五章 绿色保温隔热材料

## 第一节 保温隔热材料发展现状

通常所指的隔热保温材料是导热系数小于 0.14W/（m·K）的材料。而一般应用于建筑屋面、围护结构的绝热材料多指导热系数小于 0.23W/（m·K）的建筑材料。目前我国能源利用率只有 30%，能源消耗系数比发达国家高 4～8 倍，建筑物耗能也比北美国家高出 1 倍以上，发展节能材料任重道远，因此绝热保温材料具有巨大的市场潜力和发展空间。

### 一、矿物棉制品

1840 年英国首先发现熔化的矿渣喷吹后形成纤维，并生产出矿渣棉至今已有 150 余年的历史，无论从生产技术、装备，还是成型工艺（喷吹法改为先进的高速离心法），都有了很大的改进和进步。矿物棉制品也有了很大的发展，矿物棉毡、管、板，矿物棉装饰吸声板，粒状棉喷涂及吸声材料的应用都越来越普及。近年来世界矿物棉制品年产量已超过 800 万 t，仅美国和前苏联国家的产量就分别达到 245 万 t 和 20 万 t，但从生产和应用的整体素质分析，比较领先的则是瑞典、芬兰、日本、澳大利亚等国家，瑞典的人均消耗已达 20 kg，丹麦则为 37 kg。同时，由于矿物棉摆锤法成纤技术的应用，从而实现了制取长纤维，低渣球、高弹性、低密度、高强度的矿物棉制品，其质量已接近离心玻璃棉制品的质量，可以制成量低密度为 18 $kg/m^3$ 的岩棉毡和耐高温高容重（最高可以 250 $kg/m^3$）的矿物棉、为矿物棉的应用开辟了更为广阔的领域。国内的矿物棉研制和生产则始于 1958 年，到了 1978 年北京新材总厂从瑞典容格公司引进年产 1.63 万 t 岩棉生产线，从而揭开了矿物棉飞速发展的序幕。迄今我国已先后引进了 18 条大、中型矿物棉生产线，全国矿物棉的设计生产能力已达 45 万 t，但在 80 年代矿物棉能力的发挥不足 1/3，到了 90 年代由于建筑节能、墙改工作的推进，矿物棉的市场有所好转，1994 年全国的产量达到 31 万 t。然而我国的矿物棉生产技术整体素质不高，90 年代最先进的摆锤技术仅广东的华南新型建材有限公司和银川岩棉厂等少数企业拥有，企业布局也不合理，全国 70%的矿物棉生产能力集中在华北、华东和东北，无法正常发挥产品的合理运距（500 km），企业的产品结构也不尽合理，管壳和缝毡就占了产品的 40%～50%，而粒状棉和吸声板的比例却不足 5%，由于矿物棉市场供大于求，更加导致了市场的无序竞争。诸多的因素对我国的矿物棉工业构成了严峻的挑战。

## 二、玻璃棉制品

全世界生产玻璃的国家有 10～15 个。法国的圣哥本公司是离心棉技术的发明者，拥有世界上最先进的工业生产技术。而美国的欧文斯克宁公司则是最大的生产公司，其年生产能力在 100 万 t。我国的玻璃棉研制和生产则始于 60 年代，70～80 年代的应用量约为 2 万 t，但期间制品加工能力极差，80 年代末上海平板玻璃厂、北京玻璃钢厂从日本引进了两条离心玻璃棉生产线后，离心玻璃棉占了玻璃棉生产与销售的主导地位，超细棉市场在下降，现在全国玻璃棉的生产能力已达到 6 万 t 左右。如果在建筑领域的应用无法拓展，那么面临的将是供过于求。

## 三、加气混凝土

加气混凝土是一种多孔结构的保温材料，具有独特的物理性能、化学性能和力学性能。发展至今，加气混凝土在建筑上已经得到了广泛的应用，主要体现在以下几个方面：新建建筑的屋面保温隔热材料；外墙的外保温复合材料，尤其是砌体材料；已有建筑物屋面的改造。尽管加气混凝土有着许多优良的性质，但是加气混凝土砌块砌体容易产生裂缝的通病时有发生。因此，必须从砌块砌筑、表面抹灰和施工等方面加以控制和改进，以便提高加气混凝土砌块的砌筑质量。

## 四、硅酸铝纤维

硅酸铝纤维是一种耐高温的保温隔热材料，它最早出现于 20 世纪 40 年代的美国布考克·维尔考克斯公司（即 B & W 公司）。现有普通硅酸铝纤维、高纯高铝纤维、多晶莫来石纤维、含锆、含铬硅酸铝纤维等。其耐火极限甚至可达到约 1 700℃。全世界的产量约为 24 万 t，生产国家 20 来个，100 多家企业生产，生产工艺均采用电熔法，然后用喷吹法和离心法成纤，针刺法成毡。该产品最初的使用只限于军事和尖端工业中使用，随着技术的进步，产品成本大幅度下降，才发展到了民用。我国则在 70 年代初期由北京耐火材料厂和上海耐火材料厂分别试制成功投入生产，但一直采用电弧炉法生产，1985 年北京耐火材料厂等从美国引进电熔化，离心与喷吹法生产线后，生产技术有了较大的进步，现国内引进线 4 条，研制线 16 条，设计能力 3.7 万 t，实际产量约 2.5 万 t。存在的主要问题是复合纤维、耐高温纤维、低密度纤维产品与国外差距较大，同时在施工技术上也落后于先进国家。

## 五、保温砂浆

保温砂浆也称绝热砂浆，是一种抹面砂浆。目前在建筑工程中使用的保温砂浆主要有膨胀珍珠岩保温砂浆、粉煤灰保温砂浆、EPS 保温砂浆。膨胀珍珠岩保温砂浆以膨胀珍珠岩为集料。它是建筑工程中使用最早的保温用砂浆，主要用于墙体内保温。粉煤灰保温砂浆是由粉煤灰取代普通砂浆中的一些组分配制而成的，具有高强度、耐久性好，黏结强度高等特点。2003 年，徐州科建新型建材科研人员利用粉煤灰作为主要原料成功地开发出环保型节能保温砂浆系列产品，并通过了市级鉴定，该系列产品具有密度小（仅为水泥砂浆的 1/4～1/3）、减轻建筑自重、有利于结构设计、强度适中、物理力学性能稳定、施工方便、隔热保温效果好等特点。EPS 保温砂浆是目前研究得较多的一种新型轻质保温砂浆。它是以聚苯乙烯泡沫（EPS）粒子作为主要轻骨料制成的。其热工性能好，具有良好的和易性、耐候性和抗裂性，可以用于外墙外保温，突破了传统保温砂浆只能用于内保温的局限。使用新型的保温砌块如空心砌块、加气混凝土砌块等墙体，其本身具有良好的绝热性能，这类墙体使用保温砂浆不仅可以达到标准要求规定的传热系数，而且施工方便、便于机械化施工。另外，对于很多有居住价值的老房屋，通过采用保温砂浆翻修可达到几乎接近新房的居住质量，节省大量资金。传统的膨胀珍珠岩保温砂浆吸水率大，抗裂性和耐候性差，只能用于内保温，应用受到了很大的局限，其热工性能有待进一步提高；粉煤灰保温砂浆在提高强度和施工等方面，如何保证其保温效果的难题，仍然没有得到很好的解决；而 EPS 保温材料则抗压强度较低。

表 5-1　主要保温隔热材料的消费量及所占比例

| 品种 | 平均容重/（$kg/m^3$） | 消费量/万 t | 折合工程量/万 $m^3$ | 所占比例/% |
|---|---|---|---|---|
| 膨胀珍珠岩 | — | — | 500 | 44 |
| 矿物棉 | 100 | 17 | 170 | 15 |
| 玻璃棉 | 32 | 2 | 64 | 6 |
| 泡沫塑料 | 30 | 3 | 100 | 26 |
| 其他 | — | — | 100 | 9 |

## 第二节　几种优质隔热保温材料

### 一、反射隔热材料

常规保温材料的研究以提高孔隙率、提高热阻、降低传导传热性能为主，但其对流传热及辐射传热较难降低。当今以传热机理改进保温材料及保温结构是重要发展方向。如果借鉴国外航天工业用高科技绝热涂层的技术思路，并结合国情研制成功的具有高辐射率的薄层隔热保温涂料，它可弥补常规保温材料的不足。该保温涂料以液态涂料方式存在，干燥后的涂层热阻较大，特别是热反射率高，可有效地降低辐射传热，施工方便，涂层薄，无接缝，附着力好，集防水隔热外炉于一体。绝热等级为 R21.1，热反射度 0.79，热辐射率 0.83，固含量 54%，性能接近国外同类产品水平，成本仅为国外产品的 1/4 左右。可直接以涂层方式使用，也可与其他多孔保温材料复合构成低辐射传热结构，作为石油石化行业成品油罐及储罐的隔热保温、管道及设备的保冷及屋面隔热保温涂层使用，综合节能效益高。

现在工业化生产的保温隔热材料主要分为无机保温材料和有机保温材料两大类。有机保温材料主要是各种高分子的泡沫材料，如橡塑泡沫，聚乙烯泡沫，聚苯乙烯泡沫等，这类保温材料的优点是技术成熟，规模化生产，导热系数低，保温效果好。但是，其致命的缺陷是使用温度低（大多数使用温度低于 100℃），易燃烧，消防等级低。无机保温材料又可以分为硬质保温材料和软质保温材料。硬质保温材料在施工时不能变形，只能预先制成确定的形状，施工时直接扣在设备和管道表面，如硅酸钙、泡沫玻璃等，硬质保温材料的缺点就是易破碎，施工损耗大，必须预先成型，需要非常多的模具，所以成本高，使用不是很普遍。软质保温材料就是各种无机纤维材料制成的毡材，施工时根据现场设备和管道的形状对材料进行剪裁，然后使用粘结剂粘接或进行捆扎，固定在设备和管道的表面。

目前国内外使用的无机软质保温材料主要是各种人造的无机纤维类毡材和天然的无机纤维类毡材，人造的无机纤维类毡材如玻璃纤维毡，硅酸铝纤维毡，岩矿棉毡等，天然的无机纤维类毡材主要是石棉纤维毡。人造的无机纤维类毡材基本上采用干法成型，就是通过高温喷丝设备喷丝后直接把纤维按一定的规律排列，从而形成毡材，干法成型毡的优点是技术成熟，自动化程度高，生产效率高，规模大。其缺点是成分单一，仅有无机纤维，纤维间空隙较大，结构疏松，高温热空气很容易穿透保温层，形成较大范围的对流传热，导热系数大，保温效果差。天然的无机纤维类毡多采用湿法成型，就是按配方把多种成分的各种纤维材料，添加特殊的分散剂，形成均匀的浆料，然后装在盘状模具中，烘干而成毡材，该方法得到的保温材料结构均匀，泡孔稳定，导热系数小，保温效果好。但是现在使用的湿法成型保温毡材如泡沫石棉毡，（复合）硅酸盐保温毡，硅酸（铝）镁保温毡等，无一例外都只能采用天然石棉纤维为主要原材料。而石棉被怀疑为致癌物质，在越来越多的国家被禁用或限制使用。因此迫切需要找到一种不含石棉的、不燃烧的、导热系数小的、易于施工的、能广泛用于设备和管道保温的软质保温毡材。由成都硕屋科技有限公司开发的CAS3型反射保温隔热材料，就能满足以上要求。该材料提供一种由保温片材和反射材料间隔粘贴组成，导热系数低、保温性能好，使用温度高、应用范围广，且在保持了软质、不燃烧、易于施工等优势的同时，完全不含石棉纤维，符合职业健康保护和环境保护的要求，能广泛用于各种设备和管道保温的新型高效保温隔热材料。克服了现有技术中存在的有机保温材料使用温度低、易燃烧、消防等级低；硬质无机保温材料易破碎、施工损耗大、成本高等；软质无机保温材料或成分单一、保温效果差，或含有石棉等致癌成分、不能再使用等问题。大家知道，传热分为传导、对流和辐射。该反射材料通过湿法制浆，把多种纤维材料均匀分散，制成保温片材，保温片材和反射材料交错叠粘在一起，完整的反射材料完全阻断了热空气的层间对流，完整的镜面反射有效地阻止了热辐射的进行，使每一层保温材料都是一个独立的保温单元，层间没有对流和辐射，从而使材料的整体保温效果得到极大地提高。该材料的制作过程是：

（1）在高速搅拌设备中，按照组分人造无机纤维、无机保温颗粒、反射片材、分散剂和粘结剂的总质量的10～100倍加入水，启动高速搅拌；

（2）依次加入所述配比的粘结剂和分散剂，搅拌20～40 min；

（3）依次加入所述配比的不含石棉的人造无机纤维、无机保温颗粒和反射片材，搅拌20～50 min，制得浆料；

（4）将步骤（3）制得的浆料倒入模具中，通过真空吸附方法脱去水分，真空度控制在－0.01～－0.09 MPa，吸附时间控制在5～20min，成型得到薄片状材料；

（5）将步骤（4）得到的薄片状材料烘干，得到保温片材；

（6）按照一层保温片材、一层反射材料（如铝箔）、一层保温片材、一层反射材料，间隔叠加，相互粘贴在一起，直到所需的厚度，即得优质的反射保温隔热材料。

由此制得的保温材料具有：

（1）导热系数低、其导热系数在0.03～0.045W/（m·K)。而目前市面上的有机保温隔热材料的导热系数在0.03～0.032W/（m·K)，无机硬质保温隔热材料的导热系数在0.06～0.08W/（m·K)，传统的以石棉纤维为主的保温软毡导热系数在0.05～0.09W/（m·K)，干法成型的人造无机纤维毡的导热系数在0.07～0.10W/（m·K)。

（2）使用温度高、应用范围广。本材料的使用温度可以达到1 000℃，不燃烧，消防等级高，能广泛用于设备和管道的保温。

（3）符合职业健康保护和环境保护的要求。

## 二、耐高温隔热材料

21世纪是信息的时代，更是高科技发展时代。作为21世纪三大关键技术之一的新材料，是孕育新技术、新产品、新装备的“摇篮”，被认为是其他战略性新兴产业发展的基石。据悉，“十二五”期间，新材料产业将积极发展特种金属功能材料、高端金属结构材料、先进高分子材料、新型无机非金属材料、高性能复合材料和前沿新材料共六大类别，其中新型无机非金属材料是新材料的研发中重点之重，研发新材料并将推进航空航天、能源资源、交通运输、重大装备等领域急需的碳纤维、半导体材料、高温合金材料、超导材料、高性能稀土材料、纳米材料等研发及产业化发展。

新材料的含义是指新近发展的或正在研发的、性能超群的一些材料，具有比传统材料更为优异的性能。新材料技术则是按照人的意志，通过物理研究、材料设计、材料加工、实验评价等一系列研究过程，创造出能满足各种需要的新型材料的技术。新型无机非金属材料中的耐高温隔热保温涂料研发成功，也是新材料研发中的黑马，耐高温隔热保温涂料属于无机硅酸盐系列，国内唯一研发生产企业北京志盛威华化工有限公司，1998 年起公司专门成立了 ZS-1 志盛耐高温隔热保温涂料重点研发实验室，组织了 20 多名化工精英，历时 5 年时间，经历上万次实验。耐高温隔热保温涂料研发相关技术需要材料技术、化工技术、信息技术、生物工程技术、能源技术、纳米技术、环保技术、空间技术、计算机技术、海洋工程技术、工程与工艺、物流等现代高新技术及其产业整体配套支持。由于 ZS-1 耐高温隔热保温涂料耐温高达 1 800℃，应用量电磁屏蔽隔热和阻止热传导隔热的先进技术，选用精细化工中极品材料。800 目以上的陶瓷空心微珠，打造涂料极低的导热系数，隔热保温率在 90%以上，志盛高温隔热保温涂料优异的性能不仅对高新技术的发展起着重要的推动和支撑作用，还对我国相关传统产业的改造和升级，实现跨越式发展起着重要的促进作用。新材料作为高新技术的基础和先导，应用范围极其广泛，它同信息技术、生物技术一起成为 21 世纪最重要和最具发展潜力的领域。现耐高温隔热保温涂料已成功使用到石油石化、航天、电力、轻工、冶金、交通、建筑等领域，也得到客户的一致好评。ZS-1 耐高温隔热保温涂料作为新材料中黑马，耐高温隔热保温涂料具有广阔的市场前景，发展前景和发展意义不可估量。21 世纪科技发展的主要方向之一是新材料的研制和应用。新材料的研究，是人类对物质性质认识和应用向更深层次的进军，愿更多新材料的黑马出现，更好服务于民用、工业和国防上。

## 三、相变储能保温材料

所谓相变材料（phase change materials，PCM），是指利用相变过程来吸收或放出热量从而达到储存和释放能量的材料。以固—液相变材料为例，当环境外界温度升高到相变材料的熔点（熔化温度）时，相变材料就会吸收大量的热，从而产生从固态到液态的转变；反之，当环境温度低于相变材料的凝固点时，相变材料所储存的热量就会散发到环境中去，产生从液态到固态的逆转变，从而起到调节温度的作用。在相变过程中储存或释放的能量称为相变潜热。将相变材料通过一定的工艺加入普通建筑材料中与之复合即制成了质轻、高潜热的相变保温建筑材料。

相变材料的热物理性质是其能够作为建筑保温材料使用的重要特性，包括相变潜热、导热系数、比热容、膨胀系数、相变温度等直接影响材料的储热密度、吸放热速率等重要性能。从应用角度来讲，相变储能建筑材料应具有以下几个特点：相变潜热高，相变过程可逆性好；耐久性突出；膨胀收缩性小，过冷或过热现象少；相变温度在 20 ℃左右；导热系数大，储热密度大；无毒、无腐蚀性；成本低，制造方便；与建筑材料相容，可被吸收。相变材料按其所适用的温度，可分为高温相变材料、中温相变材料和低温相变材料；按其相变过程中的状态，可分为固—固相变材料、固—液相变材料、固—气相变材料和液—气相变材料。有气相参与的材料相变前后体积变化较大，不适于作为相变保温材料使用。可用做建筑保温材料的主要是低温相变材料，可按照相变材料的结构进行分类，主要分为无机相变材料（如熔融盐、结晶水合盐等）、有机相变材料（含高分子材料，主要有石蜡类、脂肪酸类和多元醇类）和复合相变材料三大类。

### 1. 相变石膏板

以石膏板为载体，加入一定的相变材料即可制成相变保温石膏板，可用做外墙保温材料。Takeshi 等将正十八烷与正十六烷按照 95∶5 的质量比混合作为相变材料，然后将其与交联的聚乙烯熔融共混制成能量微球，再添加到石膏板中，这样就制得了具有储热功能的相变保温石膏板。Feldman 等以石膏板为载体，以硬脂酸和棕榈酸为相变材料分别采用浸渍法和直接加入法两种方法制备了相变保温石膏板。通过对两种石膏板进行 DSC 分析，得出采用浸渍法得到的相变保温石膏板中里外层所含的相变材料量不同，而采用直接加入法制得的相变保温石膏板中相变材料分布均匀。胡小芳等将陶粒吸附石蜡后，将其浸入 $Ca^{2+}$溶液中，通过反应包封得到储能颗粒，然后将该储能颗粒与石膏按照一定比例混合后加入水固定成型为相变储能石膏板，相变储能颗粒的加入明显提高了石膏板的储能密度，延长了储能材料的储热时间，对空调制冷建筑物有着积极作用。

### 2. 相变混凝土

相变混凝土是一种以混凝土为载体的相变材料。这类材料具有大的比热容，将其作外墙体材料时，可改善室内温度的舒适性。Lee 等采用浸渍法制备了相变保温混凝土，通过测试对比，浸有相变材料的混凝土比普通混凝土的储热性能明显提高，且气流速度对吸放热影响变大。

### 3. 相变砂浆

将相变材料掺入砂浆或水泥中就得到了相变保温砂浆。闫全英等以高密度聚乙烯为基体材料，石蜡（熔点 28.2℃）为相变材料，二者混合形成一种形状稳定、强度较高、均匀性较好的定形相变材料，通过将其加入到水泥砂浆中可制成相变温度较好、潜热较高的相变保温砂浆，从而有效调节室内温度。德国 BASF 公司先将石蜡封装在直径 20 μm 的微球中，再与水泥混合制得石蜡砂浆，其相变温度为 22℃，可用于内墙保温，其储热能力可达到砖木结构的 10 倍。

## 第三节　保温隔热材料节能技术的发展

### 一、国内外保温隔热材料技术

在建筑中，外围护结构的热损耗较大，外围护结构在墙体中又占了很大份额，所以建筑墙体改革与墙体节能技术的发展成为建筑节能技术中一个很重要的环节，其中墙体材料节能技术是建筑业共同关注的课题。

墙体材料的发展与土地、资源、能源、环境和建筑节能有着密切的联系。近年来，在各地和各有关部门的共同推进下，我国墙体材料革新和推广工作取得了积极进展。新型墙体材料和产品的研制与开发得到了较快发展，新型墙体材料应用范围不断扩大，取得了明显的经济效益和社会效益。但是，墙体材料革新和推广建筑节能工作还存在一些问题，主要表现为：首先，新型墙体材料的产品较单一，生产工艺简单，技术含量不高。目前我国的新型墙体材料仍然是以烧结砖类和建筑砌块类为主，严格地说，这些性能单一的低技术含量产品只能作为过渡产品。其次，传统不合理产品仍未彻底退出市场。众所周知，黏土实心砖是一种消耗能源高，严重威胁土地资源，在生产与使用过程中污染环境的产品。然而，尽管在我国将大多数城市列入禁止使用黏土实心砖城市，但有部分城市由于当地自然条件及资源等方面的原因，禁用实心黏土砖确有很大困难，无法顺利开展。总之，大力发展节能、节土、保护环境的新型墙体材料是我国“十一五”期间建筑节能工作的重要任务。

国外墙体材料发展相当迅速，美国、日本、加拿大、法国、德国、俄罗斯等国，在生产与应用混凝土砌块、纸面石膏板、灰砂砖、加气混凝土、复合轻质板等方面已居世界领先地位。欧洲国家中，混凝土砌块的用量占墙体材料的比例在10%～30%。而且砌块的规格、式样、品种、颜色丰富，产品的标准、应用标准和施工规范齐全。纸面石膏板在美国、日本等国家已经形成规模化生产，并且在原料方面，利用工业废石膏的比例在不断攀升。德国是灰砂砖应用和生产都居领先地位的国家，不仅量大，而且种类齐全。俄罗斯则是加气混凝土产量和用量最大的国家，其次是德国、日本和一些东欧国家。加气混凝土的性能进一步向轻质、高强、多功能方向发展。比如法国、瑞典等国家已经将密度小的300 $kg/m^3$的产品投入市场，这种产品具有较低的吸水率和较好的保温性能。国外的轻质板也逐步发展起来，包括玻璃纤维增强水泥板、石棉水泥板、硅酸钙板与各种保温材料复合而成或单一板材组成的复合板。

## 二、新型墙体材料节能技术

新型墙体材料就是以非黏土为原料生产的墙体材料（如非黏土砖、砌块、板材），一般具有轻质、高强、节能、保温、隔热等特点。新型墙体材料节能技术就是根据新型墙体材料的特点，通过改善材料主体结构的热工性能来达到墙体节能的效果。由于单一砌筑的墙体结构导热系数往往不能满足建筑节能设计标准，所以通常采用在新型墙体材料的基础上增加保温隔热材料（聚苯板、玻璃棉板等），形成复合节能墙体。复合墙体作为外围护结构中的墙体称为复合外墙，根据其构造的不同，通常分为外墙内保温、外墙外保温、外墙夹芯保温。外墙内保温是将保温材料置于外墙体的内侧。内保温是传统的外墙保温做法，其优点主要在于做法和施工较为方便。但是这种做法的保温层在室内容易被破坏，且不便修复。特别是内保温做法中，由于圈梁、楼板、构造柱等引起的热桥很难处理，热损失较大。

外墙内保温做法主要有四种：一是在外墙内侧粘或砌筑块状保温板，然后在表面抹保护层；二是在外墙内侧拼装复合板，在墙上粘贴聚苯板，用粉刷石膏做面层，玻璃纤维网格布增强；三是在外墙内侧安装岩棉轻钢龙骨纸面石膏板；四是直接在外墙内侧抹保温砂浆。外墙外保温与其他外墙保温隔热技术相比，具备诸多优越性，所以外保温是目前广泛应用的一种建筑保温节能技术。它的主要优点是保温隔热效果好，建筑物外围护结构的热桥少，影响也小；能够保护主体结构，延长建筑寿命；适用范围广，新、旧建筑都适宜，不同气候地区都适用；与内保温相比，能扩大室内的使用空间，每户使用面积增加 1.3～1.8m$^2$；也便于丰富美化外立面。但是采用这种技术对现场施工要求较高，采用的材料和施工质量要求严格。常用的外保温技术有外挂式外保温和聚苯的内、外侧墙片之间，内、外侧墙片均可采用传统的黏土砖、混凝土空心砌块等，其优点是防水性能好，对施工条件要求不高，不易被破坏。但是这种墙体通常要用拉结钢筋联合保温层内外侧墙片，造成热桥，降低保温效果；而且墙体抗震性能不好。外墙夹芯保温通常做法就是把保温层夹在内、外墙体中间，墙体用混凝土或砖砌在保温材料两侧。还有更理想的做法，比如说用保温承重装饰空心砌块来砌筑墙体。这种砌块是一种集保温、承重、装饰三种功能于一体的新型砌块，它是在出厂前把聚苯板插入砌块的空气层内，而砌块端头的接缝处在施工时插入保温材料。这种做法解决了目前国内在砌块建筑中内保温、外保温在墙面上产生裂缝的问题，而且建筑造价低。此外，现在墙体自保温技术正在积极推广。建设部发出的关于《建设事业“十一五”推广应用和限制禁止使用技术公告（第一批）》拟发布的技术公告的公示中将墙体自保温体系首次列入推广应用技术公告内容，并明确了具体技术指标。节能建筑自保温技术主要是通过自保温墙体来达到节能效果，不通过内、外墙保温技术，其自身热工指标就能达到国家和地方现行节能建筑标准要求的墙体结构。目前，自保温墙体材料主要有加气混凝土砌块、自保温砌块（如砂加气块、加气混凝土砌块等）、自保温墙板（如钢丝网架水泥夹芯板）。自保温砌块及多孔砖砌筑时与传统多孔砖、空心砌块砌筑方法相同，只是需要专用的保温隔热浆料和黏结剂来取代原来的普通砂浆进行砌筑。这样，在砌筑墙体的同时，也将保温材料融入墙体之中，砌筑墙体与保温施工合二为一。自保温墙板的做法通常是由工厂预制，现场装配，再喷抹水泥砂浆而成。另外，采用墙体自保温体系时，梁、柱节点和剪力墙的保温措施是必需的，可在梁、柱和剪力墙等部位内缩 30～50mm（即自保温墙体部分外凸），内缩部分用保温砂浆或同质材料粘贴即可。也可用同质材料制作模板，与混凝土整体浇注成型。节能建筑墙体自保温技术与其他墙体保温技术比较，具有与建筑同寿命、造价较低、施工方便、便于维修改造、安全等优点，可有效降低能源消耗、减少环境污染、促进节能减排、实现可持续发展。

目前国内建筑市场上已经广泛使用的各种墙体保温技术都有其自身的优势，但同时也都存在不足之处。有的系统虽然保温性好，但存在寿命短、防火性能差、外装饰受外界影响大等缺陷；而有的虽然没有上述缺陷，但造价却比较高，很难广泛推广使用。相对而言，建筑节能墙体自保温技术具有与建筑同寿命、综合造价低、施工方便、便于维护等优点，因此我国不少地区正在积极推广。但目前适用于外墙自保温材料并不多，有待进一步加强开发研究。另外，对于外墙内保温、外墙夹芯保温、外墙外保温、外墙自保温几种不同的节能措施，我们应该针对项目的特点作出不同的选择。选取节能措施的过程中应在保证节能效果的前提下，考虑工程的墙体构造及墙面装饰的要求，同时也要考虑造价成本的控制和工期的要求。

# 第六章　绿色防水材料

防水材料是指能够防止雨水、地下水和其他水渗透的重要组成材料，其性质在建筑材料中属于功能性材料。防水材料的主要作用是防潮、防漏、防渗，避免水和盐分对建筑物的侵蚀，保护建筑构件。由于地基的不均匀沉降、结构的变形、材料的热胀冷缩和施工过程中的硬性损伤等原因，建筑物的外壳和内部总会产生许多裂纹，防水材料要能很好地抵抗裂缝位移和变形引起的建筑体渗漏和破坏。

以前建筑防水行业主要关注的是防水材料的物理力学性能、使用性能和成本，而往往忽略材料的生产、施工和应用是否会对人体的安全健康以及生态环境造成有害影响。近年来，随着我国可持续发展战略的推进和绿色建筑理念的推广，人们的生态环保意识逐步提高，节能、环保、高品质的新型绿色防水材料也随之快速发展，在建筑工程中获得了广泛应用。

## 第一节　绿色防水材料的特点和分类

### 一、绿色防水材料的特点

绿色防水材料作为绿色建筑材料的一大类别，应有益于自然环境和人体健康。概括来说，它具有以下基本特性：

（1）合理利用资源，尽量采用可再生资源（如木材、稻草等），少用不可再生资源（如矿物、化石燃料等），提倡资源循环利用和使用废弃物。

（2）节约能源，少用煤、石油和天然气等有限能源，通过各种手段节约电能，大力提倡利用太阳能、风能、水电等清洁能源。

（3）保护生态环境，合理、充分利用资源，降低材料和能源的消耗，减少有害气体的排放，少用或不用对环境有害的材料，禁用有毒材料。

（4）保障人体健康，选择材料要尽量减少对健康不利的污染物，排除室内的污染物，从室外排入清洁空气稀释室内空气。利用阳光促进健康，利用高性能窗来获得充裕的阳光，减少噪音对人体的危害。

（5）耐久性好，防水材料的耐久性在工程应用中极其重要，长寿命产品可以减少更换次数，有些还可重新使用，从而减轻因制造和废料处理可能对环境产生的影响。

此外，在绿色建筑防水材料的研发、设计、生产、施工和应用时，需要综合考虑，如尽可能水性化、高固化、粉末化、生态化；原料尽可能不用或少用沥青、有机溶剂、重金属和有毒助剂；生产和施工场地尽可能无“三废”，产品应无毒、无害、无污染。材料要兼顾防水、隔热保温、防火吸声和装饰美化等多种功能，生产工艺要简单安全，成本控制在合理的范围内。

### 二、绿色防水材料的分类

综合来看，建筑防水材料一般分为瓦房水、刚性防水和柔性防水。烧结瓦、油毡瓦、平瓦等传统的瓦防水材料已经被淘汰，目前使用最多的是柔性防水材料。

按组成材料分类，主要分为沥青类防水材料和合成高分子防水材料。沥青通过掺加矿物填充料和高分子填充料进行改性后，发展出了沥青基防水材料。新型分子防水材料是通过石油化工和高分子合成技术研制出来的，具有高弹性、延伸性好、耐老化和单层防水等诸多优点。

依据材料的外观形态，防水制品可以分为防水卷材、防水涂料和密封材料等。防水卷材是将沥青类或高分子类防水材料浸渍在胎体上，以卷材形式制成的防水材料产品，分为沥青防水卷材、高聚物防水卷材和合成高分子防水卷材。防水涂料是把黏稠液体涂刷在建筑物表面，经过化学反应，溶剂或水分挥发而形成一层薄膜，使得建筑物表面与水隔绝而起到防水密封的作用。密封材料则是指填充于建筑物接缝、门窗四周、玻璃镶嵌处等部位，起水密、气密性的材料。

## 第二节　绿色防水卷材

防水卷材是整个建筑工程防水的第一道屏障，在建筑防水产品中，防水卷材的用量约占70%。防水卷材要求有良好的耐水性，对温度变化的稳定性，有一定的机械强度、延伸性和抗断裂性，要有一定的柔韧性和抗老化性。

目前使用较多的绿色防水卷材产品主要是高聚物改性沥青防水卷材和合成高分子防水卷材。改性沥青防水卷材包括SBS改性沥青卷材、APP改性沥青卷材、丁苯橡胶改性沥青卷材、再生橡胶改性沥青卷材、铝箔橡塑改性沥青卷材、自黏性改性沥青卷材等。在各种高分子防水卷材中，三元乙丙橡胶（EPDM）、聚氯乙烯（PVC）、热塑性聚烯烃（TPO）防水卷材，具有良好的耐温和抗老化功能，成为三大绿色防水卷材。下面对几种常见的绿色防水卷材作具体介绍。

## 一、SBS改性沥青防水卷材

弹性体改性沥青防水卷材，简称“SBS”卷材。SBS是塑料、沥青等脆性材料的增塑剂，加入沥青中的SBS（添加量为沥青的10%～15%）与沥青相互作用，形成分子键结合牢固的沥青混合物，从而明显改善沥青的弹性、延伸性、高温稳定性、柔韧性和耐久度等性能。

SBS改性沥青卷材按上表面材料分为聚乙烯膜（PE）、细沙（S）与矿物料（M）三种；按胎基可分为聚酯胎（PY）和玻纤胎（G）两种；按物理力学性能分为Ⅰ型和Ⅱ型。卷材按胎基、上表面材料共可分为六种，见表6-1。

表6-1 弹性体改性沥青防水卷材品种

| 上表面材料 \ 胎基 | 聚酯胎 | 玻纤胎 |
|---|---|---|
| 聚乙烯膜 | PY－PE | G－PE |
| 细砂 | PY－S | G－S |
| 矿物粒（片）料 | PY－M | G－M |

SBS改性沥青卷材延伸率高达150%；有效工作范围广，为－38～119℃；耐疲劳性优异，疲劳循环1万次以上仍正常，部分物理力学性能见表6-2。

表6-2 SBS卷材主要物理力学性能

| 序号 | 胎基 | PY | | G | |
|---|---|---|---|---|---|
| | 型号 | Ⅰ | Ⅱ | Ⅰ | Ⅱ |
| 1 | 耐热度/℃ | 90 | 105 | 90 | 105 |
| | | 无流动、流淌、滴落 | | | |

| 序号 | 胎基 | | PY | | G | |
|---|---|---|---|---|---|---|
| | 型号 | | I | II | I | II |
| 2 | 低温柔度/℃ | | −18 | −25 | −18 | −25 |
| | | | 无裂纹 | | | |
| 3 | 撕裂强度/N | 横向 | ≥250 | ≥350 | ≥250 | ≥350 |
| | | 纵向 | | | ≥170 | ≥200 |
| 4 | 人工气候加速老化 | 外观 | 1级 | | | |
| | | | 无流动、流淌、滴落 | | | |
| | | 低温柔度/℃ | −10 | −20 | −10 | −20 |
| | | | 无裂纹 | | | |

SBS 卷材适用于屋面和地下防水工程，尤其适用于较低气温环境的建筑防水。使用时应注意，卷材要卷紧卷齐，胎基要经过浸透，不允许有未浸渍的条纹，卷材不能有孔洞、缺边和裂口。

## 二、APP 改性沥青卷材

塑性体改性沥青防水卷材，统称“APP”卷材。它是以聚酯毡或玻纤毡为胎基，无规聚丙烯（APP）或聚烯烃类聚合物（APAO、APO）作改性沥青为浸涂层，两面覆以隔离材料制成的防水卷材。APP 卷材耐热性优异，耐水性、耐腐蚀性好，软化点在 150 ℃以上，温度适应范围为−15～130℃。以玻纤作胎基的各标号、等级的卷材主要物理性能见表 6-3。

**表 6-3 玻纤毡主要物理性能**

| 指标名称 | 25号 | | | 35号 | | | 45号 | | |
|---|---|---|---|---|---|---|---|---|---|
| | 优等品 | 一等品 | 合格品 | 优等品 | 一等品 | 合格品 | 优等品 | 一等品 | 合格品 |
| 耐热度/℃ | 130 | 120 | 110 | 130 | 120 | 110 | 130 | 120 | 110 |
| | 受热 2h，涂盖层应无滑动 | | | | | | | | |
| 柔度/℃ | −15 | −10 | −5 | −15 | −10 | −5 | −15 | −10 | −5 |
| | $R$ =15mm，3s，弯 180° 无裂纹 | | | | | | $R$ =25mm，3s，弯 180° 无裂纹 | | |

与 SBS 改性沥青卷材相比，APP 卷材的低温柔性不及，但有更好的耐热度和耐紫外老化性能，适用屋面和地下防水工程，以及道路、桥梁等建筑物的防水，尤其适用于高温或有太阳辐射地区的建筑物防水。

玻纤增强聚酯毡卷材可用于机械固定单层防水，但需通过抗风荷载实验。卷材与涂膜复合使用时应相容，且宜置于涂膜上面；卷材与防水砂浆复合使用时，应置于防水砂浆下面。

## 三、三元乙丙橡胶防水卷材

三元乙丙橡胶防水卷材是一种均质性能优异的单层合成高分子橡胶防水卷材，以三元乙丙橡胶为主体，加入补强剂、增塑剂、防老剂、硫化促进剂等加工助剂经密炼，冷却，过滤，加硫，挤出，加压连续硫化等工艺制成。

其特点是使用寿命长、抗老化、屋面材料可使用20年以上，地下可达到50年之久；高延伸率、拉伸强度比较高、热处理尺寸变化小；耐植物根系穿透性好，可做成种植屋面防水层；低温柔韧性好，适应环境温度变化性能好；施工方便、搭接牢固可靠、无环境污染；耐化学腐蚀，可应用于特种场合；维修方便，抗穿孔性好。

三元乙丙橡胶防水卷材适用于工业和民用建筑物的屋面及地下防水工程、蓄水池、市政、地铁、隧道等工程防水，尤其适用于耐久性、耐腐蚀性要求高和易变形的重点防水工程。

根据工程具体情况可采用满铺法、条铺法、点铺法、空铺法。节点部位应按设计要求增加附加层，附加层可用卷材或聚氨酯涂料（必要时可加胎基布）处理。如需做保护层，根据保护层的情况一般需做隔离层，卷材外露可涂刷保护涂料，能起到保温隔热及延长使命的作用。

## 四、TPO 防水卷材

TPO 防水卷材是用三元乙丙橡胶和聚乙烯或聚丙烯共混经塑料工艺加工而成，兼有橡胶和塑料的双重优点，不含增塑剂，耐臭氧、化学物质及某些烃油，耐微生物侵蚀，又耐火，对环境友好，且白色膜有反射太阳光功能，节约能源、减少城市热岛效应明显，可全部再生利用，是一种功能最为全面的防水卷材。

TPO 防水卷材具有以下优异的性能特点，作为一种新型的绿色防水材料，不仅适用于地下防水工程以及地铁、隧道、涵洞、地下停车场、暴露和非暴露的屋面防水工程，还适用于水池、水渠、污水处理场、垃圾填埋场等防水工程。

（1）环保性好。TPO 分子结构组成中只有烯烃类聚合物，不含有苯环及其他有害物质，在生产和使用过程中不会产生对动植物有害的化学物质。

（2）耐老化性能优异。TPO 耐久性好，使用寿命长。直接暴露在紫外线和臭氧环境下，其物理性能仍然保持稳定。

（3）可回收、循环再生利用。TPO 为热塑性弹性体，加工和使用过程中所产生的废料可以回收重复利用。

（4）可焊接性。TPO 防水卷材的热焊接技术，接缝结合牢固，封闭严密，安装可靠快速；屋面节点部位的防水处理也可采用 TPO 防水卷材进行热焊接。

（5）使用温度范围广。TPO 防水卷材具有良好的耐热、耐寒性，可在－60～130℃的环境下长期使用。

（6）尺寸稳定性好。加热伸缩量小，变形小。耐磨性、抗疲劳性好，可以用于膜结构建筑。

（7）节能。在 TPO 防水卷材生产过程中加入白色颜料，制成白色防水卷材，其表面就会有很高的日光反射率，从而达到物体隔热降温效果的热反射隔热防水材料。

## 第三节　绿色防水涂料

防水涂料是以高分子合成材料为主体，在常温下呈无定形液态，经涂布能在结构物表面结成坚韧防水膜的物料的总称。防水涂料按涂料的类型和按涂料成膜物质的主要成分分为两类。按涂料类型，可将涂料分为溶剂型、水乳型和反应型；按涂料成膜物质成分可分为沥青基防水材料、高聚物改性沥青防水材料和合成高分子防水材料。

防水涂料经固化后形成的防水薄膜具有一定的延伸性、弹塑性、抗裂性、抗渗性及耐候性，能起到防水、防渗和保护作用。防水涂料有良好的温度适应性，操作简便，易于维修与维护。不同的防水涂料品种各有特点，随着人们环境保护意识的逐步提高，安全、环保的选材要求越来越受到重视，绿色环保型防水涂料成为防水材料发展的一大趋势。

### 一、水性沥青聚氨酯防水涂料

水性沥青聚氨酯防水涂料是由聚氨酯聚合体和沥青乳液两种成分制备而成，配方、生产工艺科学先进，产品性能稳定，可适用于各种建筑屋面、地下室、厕浴、污水池、游泳池等工程的防水，但要注意水性沥青聚氨酯防水涂料在雨天、雪天严禁施工，气温低于 0℃时不得施工。

因沥青来源广、防水性能优良、价格低，它与固体的彩色聚氯酯防水涂料相结合，既能保持水固化彩色聚氨酯防水涂料的优良性能，又能降低成本，具有很好的经济效益和社会效益，推广前景良好。

## 二、JS 防水涂料

聚合物水泥基防水涂料，简称 JS 防水涂料，是一种包含液料（聚合物乳液与添加剂）和粉料（水泥、无机填料以及助剂）的双组分水性防水涂料，是建设部重点推荐的防水材料之一，属于国家大力提倡的环保型产品。

它不污染环境、性能稳定、耐老化性优良、防水寿命长；使用安全、施工方便，操作简单，可在无明水的潮湿基面直接施工；粘结力强，材料与水泥基面粘结强度可达 0.5MPa 以上，对大多数材料具有较好的粘结性能；材料弹性好、延伸率可达 200%，因此抗裂性、抗冻性和低温柔性优良；施工性好，不起泡，成膜效果好、固化快；施工简单，刷涂、滚涂、刮抹施工均可。基于这些特点 JS 防水涂料得到了迅速的发展，成为近几年来防水涂料发展的热点。

决定 JS 防水涂料性能的因素主要有液料和粉料的配比、组分的含量等，因此，通过调节液料和粉料的配比或调节粉料中不同组分的用量，可生产出不同强度和伸长率的产品。根据防水工程应用部位的不同特点和要求来设计防水涂料自身的性能，既可有针对性地满足技术上的要求，同时也可以在一定程度上节约防水工程的造价。

聚合物柔性防水涂料 ML2006 是一种聚合物水泥基物料，内含特选聚合物、高效防水剂及添加剂等成分的预拌干粉防水材料。只需将聚合物乳液加入预拌干粉内搅拌，即可使用。施工固化后形成没有接缝的整体防水层。在任何复杂的基层表面适合性强，对复杂的部位施工有明显优势性，具有很强的粘结力、延伸率和抗渗性能，可适用于大面积施工，不龟裂、不空鼓，可与建筑物结为一体。在防水层形成之后即可达到永久性的防水抗渗功效。

JS 防水涂料适用性好，产品可与新旧混凝土、砖石砂浆和金属表面层紧密粘结，对基层含水率要求不高，可在潮湿环境下使用，适用于地下混凝土结构、建筑物内外墙、卫生间、蓄水池、地下隧道、人防工程和水库大坝等。

## 三、非溶剂型聚氨酯防水涂料

随着对环境保护和安全生产方面越来越严格的要求，解决聚氨酯防水涂料的溶剂污染与施工安全问题越来越迫切。无溶剂环保 PU 聚氨酯防水涂料是异氰酸酯和多羟基化合物反应而成的高分子化合物。其主要产品为双组分液体涂料，通过子聚体基和交联料基按一定比例混合均匀，涂刷于防水基面上，24 h 左右自然形成粘贴力极强的橡胶弹性体，并可通过催化剂缩短凝固时间。牢固渗透黏结于防水基层面上，形成密不透气的全封闭防腐防水层。由于工艺配方创新，不用煤焦油和二甲苯类溶剂油，因此不含污染性挥发物，从根本上解决了聚氨酯防水涂料含有溶剂的难题。

无溶剂环保 PU 聚氨酯防水涂料黏结强度高，耐磨性强，耐气候性好。该产品不仅具有防水隔潮、隔热绝湿和绝缘节能的优点，还具有防腐蚀、抗老化、富有弹性、稳定性持久的综合特点。可广泛用于防水防腐条件要求较高的纺织机械、石油化工、电力冶金、城建人防等行业的屋面和地下室以及建筑防水、化工防腐、冷库防裂隔气、体育娱乐场所地面、室内外隔潮隔热等领域，可完全取代玻璃钢内衬、胶泥贴面和“四油三毡”等传统施工工艺，是目前国内高档次的防水防腐新型材料。

## 四、AST 合成高分子防水涂料

AST 合成高分子防水涂料是以多种高分子聚合材料为主要成膜物质，添加触变剂、防沉淀剂、增稠剂、防老剂等添加剂和催化剂，经过特殊工艺加工而成的合成高分子水性乳液防水涂膜，具有优良的高弹性和绝佳的防水性能。该产品无毒、无味，安全环保。涂膜耐水性、耐碱性、抗紫外线能力强，具有较高的断裂延伸率，拉伸强度和自动修复功能。

这种防水材料与其他溶剂型防水涂料和防水卷材相比，最大特点是环保安全性。产品无毒、无味对环境和人员的健康均无不良影响。

材料耐老化性能优良，产品在紫外线、光热作用下性能稳定，材料使用寿命在 20 年以上。产品对混凝土基层、玻璃、陶瓷、塑料、金属、石棉瓦、楼面瓦及原有防水材料基面等常用建材均有极好的修补和黏结性能，黏结力极强。在外力作用下不剥离、不分层，能形成稳定的防水整体。由于材料渗透性好，涂刷材料时可以渗透到水泥基材料的孔隙中，堵塞了渗水通道，防水效果可靠。

产品可根据设计要求和用户需要调配色彩，具有极佳的隔热保温和装饰美化效果，因而它属于装饰性和多功能性防水材料，可广泛应用于建筑物屋面、地下室、室内厨卫生间、阳台、窗台、管沟管道以及水塔、游泳池、隧道、钢结构屋面等，适用于全国各地建筑气候区的施工。

## 第四节　其他绿色防水材料

### 一、刚性防水材料

刚性防水材料是指以水泥、砂石为原料，或掺入少量外加剂、高分子聚合物等材料，通过调整配合比、抑制或减少孔隙率、改变空隙特征，增加材料接口间密实性等方法，配制成具有一定抗渗透能力的水泥砂浆混凝土类防水材料。

#### 1．透水性沥青混凝土

排水性沥青路面是20世纪80年代以来在发达国家发展起来的一种新型机动车专用路面。采用特种高黏度改性沥青，表层透水，中层排水的构造。由于其表面不积水，防滑，降噪，特别是消除安全隐患等性能，目前很多先进国家的道路法规都明确机动车专用道路面使用排水铺设。

透水性沥青混凝土与一般沥青混合料相比，特点是孔隙率较大、大粒径骨料含量较多，沥青为高温热稳定性好、黏结性强的高黏度改性沥青。因此透水性沥青混凝土具有一些优良的路用性能；透水性路面可以避免雨天路面积水形成水膜，提高路面抗滑性能；减小路面反光，改善路面标志的可见度，改善车辆行驶的安全性和舒适性；吸收车辆行驶产生的噪音，有利于创造安静舒适的交通环境。

此外，使用透水性材料铺设具有排水性的道路，可以减轻集中降雨季节道路排水系统的负担；有助于补充城市地下水资源，保持土壤湿度，增加城市透水、透气面积，调节城市气候，降低地表温度，改善城市环境，保持生态平衡。

透水路面按其排水方式可分为全透式路面和半透式（排水式）路面。全透式要求面层、基层、垫层相应具有良好的透水性能，并提供足够的力学强度，才可以保证路面雨水迅速下渗至自然土基，起到透水性道路的真正作用。半透式则仅要求上面层具有透水性能，下设隔水层，路表下渗水通过道路纵横坡汇入盲沟、盲管进行收集，接至雨水井。

### 2. 多孔混凝土

透水混凝土又称多孔混凝土，是由骨料、水泥和水拌制而成的一种多孔轻质混凝土。它不含细骨料，由粗骨料表面包覆一薄层水泥浆相互黏结而形成孔穴均匀分布的蜂窝状结构，故具有透气、透水和重量轻的特点，也可称排水混凝土。是发达国家针对原城市道路的路面的缺陷，开发使用的一种能让雨水流入地下，有效补充地下水，缓解城市的地下水位急剧下降等的一些城市环境问题的地面材料。

多孔混凝土能有效地消除地面上的油类化合物等对环境污染的危害；同时，是保护自然、维护生态平衡、能缓解城市热岛效应的优良的铺装材料；其有利于人类生存环境的良性发展及城市雨水管理与水污染防治等工作，具有特殊的重要意义。因透水混凝土系统拥有系列色彩配方，配合设计的创意，针对不同环境和个性要求的装饰风格进行铺设施工。

### 3. 护坡生态混凝土

将混凝土集料与生态护坡专用添加剂进行适当的配比和现浇施工，可以制作护坡生态混凝土，它包括植生生态混凝土和反滤生态混凝土，见图 6-1。

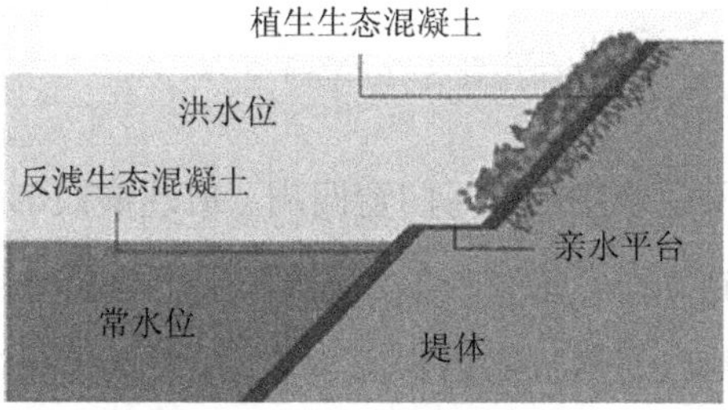


**图 6-1　护坡生态混凝土示意**

植生生态混凝土技术是在过去对混凝土的强度和耐久性要求的基础上，进一步结合环境问题，协调生态环境，降低环境负荷，保存及提高环境景观而发展起来的。这种处于国际领先水平的、由日本引进的成熟先进的新型技术，使混凝土成为与自然融合的、对自然环境和生态平衡具有积极保护作用的生态材料。植生生态混凝土呈米花糖状，存在非常多的单独或连续的空隙。其将单一粒度的粗骨料（必要时可使用细骨料）、水泥、水（少量）及添加剂（SR—3/SR—4）进行适当的调整配比，经现场或商混搅拌，现浇及自然保养而成。该种混凝土除了起到高强护堤作用外，还由于其自身的多孔性和良好的透气透水性，能实现植物和水中生物在其中的生长，真正起到净化水质、改善景观和完善生态系统的多重功能。

反滤层指在大口井或渗渠进水处铺设的粒径沿水流方向由细到粗的级配沙砾层。反滤层是由 2～4 层颗粒大小不同的砂、碎石或卵石等材料做成的，顺着水流的方向颗粒逐渐增大，任一层的颗粒都不允许穿过相邻较粗一层的孔隙。同一层的颗粒也不能产生相对移动。设置反滤层后渗透水流出时就带不走堤坝体或地基中的土壤，从而可防止管涌和流土的发生。

由于生态护坡专用添加剂的特殊贡献，使反滤型生态混凝土同时具有强度高、孔隙率大、孔径小的性能特点，实现了耐久、透水、反滤的护坡功能；植生型生态混凝土同时具有强度高、孔隙率大、孔径合理的植生性能特点，既达到耐久、稳定的护坡目的，又能适应多种植生方式，满足绿化覆盖率达至 95%以上的设计要求。

护坡生态混凝土强度高、耐久性好、抗冲刷、抗冻融好，可以整体透水，实现保护层和岸堤的长期稳定，改善水生态环境，净化水质，因此广泛用于河流、大坝生态护堤，大中型病险水库除险加固，重大水利工程如江河治理、枢纽及水源工程，淹水区边坡治理和保护等。

## 二、建筑密封材料

建筑密封材料是嵌入建筑物缝隙、门窗四周、玻璃镶嵌部位以及由于开裂产生的裂缝，能承受位移且能达到气密、水密目的的材料，又称嵌缝材料。

合成高分子密封材料以合成分子材料为主体，加入适量化学助剂、填充料和着色剂，经过特定生产工艺而制成的膏状密封材料。这种材料以优异的性能得到了越来越广泛的应用，代表了今后密封材料的发展方向。主要种类有水乳型丙烯酸酯密封膏、磺化聚乙烯嵌缝密封膏、聚氨酯建筑密封膏、聚硫橡胶密封膏、硅酮建筑密封膏。

密封材料有良好的粘结性、耐老化和对高低温度的适应性，能长期经受被粘结构件的收缩与振动而不破坏。按照施工时的形态，密封材料分为定形密封材料（密封条和压条等）和非定形密封材料（密封膏或嵌缝膏等）两大类。下面介绍几种常用的新型防水密封材料。

### 1. 水乳型丙烯酸酯密封膏

水乳型丙烯酸酯密封膏是以丙烯酸酯乳液为黏结剂，掺入少量表面活性剂、改性剂、增塑剂以及填料、颜料经搅拌研磨而成。

这类密封材料黏结性能良好，有较好的弹性和低温柔韧性能，无溶剂污染，无毒、不燃，可在潮湿的基层上施工，操作方便，特别是有优异的耐候性和耐紫外线老化性能。其适用范围广、价格便宜，但综合性能比聚氨酯、聚硫、硅酮等密封材料差一些。这种密封材料中含有一定量的水，在温度低于0℃时不能使用，而且要考虑水分散发所产生的体积收缩，对吸水性较大的材料如混凝土、石板、木材等多孔材料接缝的密封比较合适。

丙烯酸酯密封膏主要用于屋面、墙板、门窗缝，不宜用于广场、公路，桥面等有交通来往的接缝中，也不用于水池、污水处理厂、堤坝等水下接缝中。

### 2. 聚硫橡胶密封膏

聚硫橡胶密封膏是以液态聚硫橡胶为主剂，和金属过氧化物等硫化剂反应，在常温下形成的一种双组分型密封材料。是目前世界上应用最广、使用最成熟的一类弹性密封材料。

该材料的特点是弹性特别高，能适应各种变形和振动，黏结强度好、拉伸强度高、延伸率大，并且还具有优异的耐候性，极佳的气密性和水密性，良好的低温柔性，使用温度范围广，对金属、非金属（混凝土、玻璃、木材等）材质有良好的黏结力，可常温或加温固化。

聚硫橡胶密封材料适用于高层建筑接缝及窗框周围防水、防尘密封；中空玻璃制造用周边密封；建筑门窗玻璃装嵌密封；游泳池、储水池、冷藏库等接缝的密封。

### 3. 聚氨酯密封膏

聚氨酯弹性密封膏是由多异氰酸酯与聚醚通过加成反应制成预聚体后，加入固化剂、助剂等在常温下交联固化而成。聚氨酯密封膏一般分为单组分和双组分，双组分应用多，其性能比其他溶剂型和水乳型密封膏优良。

聚氨酯弹性密封膏的弹性、黏结性及耐气候性能特别好，与混凝土的黏结性也很好，同时不需要打底。所以聚氨酯密封材料可以作为屋面、墙面的水平或垂直接缝。尤其适用于游泳池工程、公路及机场跑道的接缝，也可用于玻璃、金属材料的嵌缝。

## 第五节 绿色防水材料的选用及发展趋势

### 一、绿色防水材料的设计与选材

在保证防水工程质量的先决条件下，绿色防水材料的选用应根据其各自的特点，综合考虑各方面的客观因素，合理规范地进行。首先要适应环境条件选材，比如温度变动范围、光线强度、降雨量和湿度等。其次，不同的建筑工程选材也不一样，比如，地下工程优先采用自防水混凝土结构，水利设施要用黏结力大、强度高的防水涂料。下面介绍几种功能建筑的绿色防水材料选用。

#### 1. 坡屋面材料

坡屋面用的材料品种很多，主要有黏土瓦、天然石板、混凝土瓦、纤维水泥板、聚合物改性水泥板以及各种金属板等。

从环保的角度考虑，最佳的选择是各种耐久的回收的天然石板、黏土瓦、纤维水泥瓦、聚合物黏合瓦、聚合物改性水泥瓦等，可以避免制造新产品对环境的影响，减少废料负担。其中尤以当地生产的石板为最佳但废品率太高，黏土和水泥瓦也可能是比较好的一类产品。制造程度较高的水泥基瓦都含有玻纤和有机聚合物等高能耗、高环境影响的材料。树脂或聚合物黏合石板具有明显的环境优势，因为主要利用的是破碎石板或石材废料，对环境有影响的材料如纤维、聚合物等只占很少一部分。

在金属板中，不锈钢板虽然价格较高，但也是不错的选择，因制造可以用再生钢，且本身也易于再生，较大的问题是生产时在合金中使用重金属。

此外，坡屋面防水还可以使用一些替代材料。

（1）劈裂木瓦和锯成木瓦。

这是国外常用的一种屋面材料，一般用杉木。木瓦是可再生资源，制造能很少，隔热值较高。缺点是杉木日渐减少，可能积灰和腐烂。

（2）茅草屋顶。

在波纹铁板下，300mm 厚的茅草具有与 200mm 厚玻璃棉相同的隔热值。茅草虽有渗漏、生虫、易着火、不耐久、铺设费力等缺点，但利用现代技术，可使采用某些茅草的现代化屋顶持续使用 50 年以上。茅草屋顶因可燃不宜用于高密度居住区。

（3）再生 TPO-EPDM 石板形屋面瓦。

以再生 TPO 为基料添加 EPDM 及其他助剂制成耐火聚合物石板形屋面瓦，有九种颜色，分传统形、倒圆形、凿尖形、削边形四种形状。由于 TPO 和 EPDM 都有优越的耐候性，产品可以使用 50 年以上。

（4）白色屋面的节能效果。

屋顶颜色越浅，节能效果越好。研究发现，节能效果受屋面材料的阳光反射率的影响最大，深灰色屋面仅反射 8%，而白色油毡瓦和陶瓦屋面则分别反射 26%和 34%，白色金属和水泥瓦屋面节能效果则更为显著。

### 2．平屋面材料

平屋面仅限于使用石油基的防水卷材，对环境影响较大，再次使用和加工的可能性小，而坡屋面使用的是石板、黏土瓦和水泥瓦类材料，再次使用的潜力要大得多，使用年限比前者都长，因而应当首选坡屋面形式。

当平屋面不可避免时，最好的屋面防水材料是单层 EPDM，因为与其他片材相比这种材料对环境影响较小，耐久性最高。此外，新兴 TPO 片材既具有 EPDM 的弹性，又可热焊接，废料可以重复利用，无增塑剂，耐久性较高，也是一种首选产品。

叠层沥青油毡屋面耐久性较低，对环境影响较大，不能视为对环境有益的材料。改性沥青油毡用量比普通沥青油毡少，耐久性较高，应当是其次的选择。设计人员应尽可能避免使用 PVC 防水片材，因为这种材料热焊和燃烧时会产生有毒气体，对环境和居民健康造成危害。

另外，绿色防水材料还应与良好的设计和铺设方法配合。宜选用机械固定法和松铺压顶法，以便于拆除片材或再次使用。储水屋顶可收集和储存雨水，这种屋顶形式在多雨地区值得提倡。防水膜必须绝对防水，不能用纸胎油毡，其他大多数卷材都可使用。

### 3．地下防水材料

地下防水材料按使用部位分为迎水面和背水面两大类，迎水面用材料占有主导的地位。

迎水面的首选材料应该是自黏无胎改性沥青油毡，它的工厂加工度高，施工容易，无污染，黏结牢固，价格较低，易于推广。而有胎体增强的自黏改性沥青油毡，因边缘易吸水不宜在地下使用。高分子片材中选用丁基橡胶和新兴的 TPO 防水片材比较适合。

在背水面用的材料适合用结晶渗透性水泥基涂料，这种涂料在各国都有广泛的应用。对于深开挖地下结构的外防内贴式防水，宜首选。

## 二、绿色防水材料的发展趋势

随着我国建筑防水工程技术水平迈上新的台阶，新型建筑防水材料也得到了迅速发展。建筑防水材料已成为家庭装修和工程建设的重要防水产品，绿色环保理念的推广使消费者对防水材料的绿色环保性能越来越重视。

从长远来看，绿色化仍将是建筑防水材料的重要发展方向，绿色防水材料的发展会呈现以下趋势。

### 1．环境友好化

当前的防水涂料，溶剂型的较多，溶剂型防水涂料中含有大量的挥发性有机化合物、游离甲醛、苯、可溶性重金属等有害物质，不但污染环境而且常造成施工人员的中毒等事故。无毒无害、对环境友好的聚合物水泥基防水涂料、非溶剂型聚氨酯防水涂料、水性聚氨酯防水涂料等，将会成为防水涂料的主流产品。

热熔法是目前 SBS、APP 等改性沥青类防水卷材的主要施工方法，在卷材施工时的涂刷和热熔粘贴过程中，都有大量的污染物排放到大气中造成环境污染，而环保的冷黏法、热空气接缝法和自黏的改性沥青卷材有更好的发展前景。

### 2．功能多样化

由于技术和施工等多方面的原因，目前的防水涂料产品性能相对较差。拉伸强度较低，延伸率小，耐候性不足，使用寿命较短，而且绝大多数防水涂料功能比较单一，施工时要求在干燥基材表面和非雨雪天气进行。所以未来的防水涂料将向着综合性能好、对基层伸缩或开裂变形适应性较强的方向发展，并将集防水、装饰、保温、隔热等多种功能于一体。

另外，纳米防水涂料也会得到快速发展和应用推广。在防水涂料中加入纳米材料，将会大大改善防水涂料的耐老化、防渗漏、耐冲刷等性能，提高防水涂料的使用寿命。开发具有高太阳光反射率的 SBS 和 APP 自黏白色表面改性沥青卷材，以及具有防火、反射和高耐久性的 TPO 防水卷材，是绿色防水卷材未来发展的重要探索方向。

### 3．废料循环利用

将工业废料循环利用作为生产防水材料的原料是绿色建筑防水材料的一个发展趋势。我国是世界上最大的橡胶消耗大国，每年的橡胶产量和消费总量达到400 万 t 以上，而废橡胶的产量也达到了 200 多万 t。从环境保护和改性沥青质量两个角度考虑，使用废橡胶粉改性沥青将具有巨大发展潜力。该技术在道路建设行业和建筑防水行业都已经得到广泛认同，其应用前景非常看好。

### 4．绿色屋顶材料

随着城镇化的发展，我国大中城市绿化面积缩减，人居环境日益恶化，顶层住房冬冷夏热。国内外实践表明，屋顶经过绿化后隔热保温性能显著改善，可使顶层住房室内温度降低 3～5℃、空调节能 20%，对建筑节能和改善居住环境有明显效果。

同时，绿色屋顶材料具有补偿城市绿地、储存雨水、涵养水土、吸收有害气体、除灰降噪、改善城市热岛效应、延长建筑寿命等功效，对绿化城市环境有着不可估量的作用。为此，研究高性能改性沥青和合成树脂复合防水材料，使屋顶防水材料的耐候性提高是绿色屋顶材料的发展方向。

# 第七章　绿色装饰装修材料

建筑装饰是指在建筑物表面敷设装饰层，保护建筑构件，美化建筑工程内外环境，同时增加其使用功能。建筑装饰装修作为建筑设计和施工的最终体现，融合了极为丰富的文化和历史内涵，好的建筑装饰能使人们获得美的享受。对建筑物外部而言，装饰材料不仅可以美化立面，还可以提高其对大自然风吹、日晒、雨淋、冰冻等侵袭的抵抗力，以及防止腐蚀性气体及微生物的侵蚀作用，从而有效提高建筑物的耐久性。就室内来说，装修材料不仅可以对吊顶、墙面和地面进行美化装饰，还可以改善墙体、天花板和地面的吸声隔音与保温隔热性能，创造出一个舒适、美观的生活和工作环境。

近几年，随着人们生活水平的不断提高，大量新颖别致、高标准建筑的纷纷出现，人们日益重视研究建筑装饰工艺，努力融合传统技法与现代施工工艺，使建筑装饰更加美观和富有个性。装饰装修效果的好坏，与装饰材料选用、装饰设计水平和施工质量息息相关。装饰材料是建筑装饰工程的物质基础，是装饰工程的总体效果与功能的实现。设计者的艺术风格和审美情趣无不通过装饰工程材料及室内外配套产品的质感、形态、图案、色彩等来体现。

绿色装饰装修则是指在对房屋进行装修时采用环保型的材料来进行房屋装饰，使用有助于环境保护的材料，把对环境造成的危害降低到最小。比如在木材上选用再生林而非天然林木材，使用可回收利用的材料等，装修后的房屋室内能够符合国家的标准，比如某种气体含量，确保装修后的房屋不对人体健康产生危害。

## 第一节　绿色装饰装修材料概述

现代室内设计的发展日新月异，室内空间呈现出丰富多彩的繁荣态势。随着环保理念越来越深入人心，人们意识到绿色装饰装修材料的重要性，在建筑工程和家居装修中也尽可能地选用环保型装饰材料。新型绿色装饰材料种类繁多，想要全面了解和掌握各种建筑装饰材料的性能、特点和用途，首先需要对其作一个全面的了解。

## 一、建筑装饰材料的分类

按化学成分不同，分为有机高分子装饰材料、无机非金属装饰材料、金属装饰材料、复合装饰材料，其类别和品种见表 7-1。按材料功能分类有吸声、隔热、防水、防潮、防火、防霉、耐酸碱、耐污染等种类。按装饰部位分类则有墙面装饰材料、顶棚装饰材料、地面装饰材料等。

表 7-1 建筑装饰材料的化学成分分类

<table>
<tr><td rowspan="13">建筑装饰材料</td><td rowspan="7">无机装饰材料</td><td rowspan="2">金属类装饰材料</td><td>黑色金属材料</td><td colspan="2">钢、不锈钢、彩色涂层钢板等</td></tr>
<tr><td>有色金属材料</td><td colspan="2">铝及铝合金、铜及铜合金、金、银</td></tr>
<tr><td rowspan="5">非金属类装饰材料</td><td rowspan="2">胶凝材料</td><td>气硬性胶凝材料</td><td>石膏、石灰、装饰石膏制品</td></tr>
<tr><td>水硬性胶凝材料</td><td>白水泥、彩色水泥</td></tr>
<tr><td colspan="3">装饰混凝土及装饰砂浆、白色及彩色硅酸盐制品</td></tr>
<tr><td>天然石材</td><td colspan="2">花岗岩、大理石等</td></tr>
<tr><td>烧结与熔融制品</td><td colspan="2">烧结砖、陶瓷、玻璃及制品、岩棉及制品等</td></tr>
<tr><td rowspan="2">有机装饰材料</td><td>植物材料</td><td colspan="3">木材、竹材、藤材等</td></tr>
<tr><td>合成高分子材料</td><td colspan="3">各种建筑塑料及其制品、涂料、胶黏剂、密封材料等</td></tr>
<tr><td rowspan="4">复合装饰材料</td><td>无机基复合材料</td><td colspan="3">装饰混凝土、装饰砂浆等</td></tr>
<tr><td rowspan="2">有机材料基复合材料</td><td colspan="3">树脂基人造装饰石材、玻璃钢等</td></tr>
<tr><td colspan="3">胶合板、竹胶板、纤维板、保丽板等</td></tr>
<tr><td>其他复合材料</td><td colspan="3">塑钢复合门窗、涂塑钢板、涂塑铝合金板等</td></tr>
</table>

## 二、绿色建筑装饰材料的选材

绿色装饰材料作为一种装饰性建筑材料在我们运用其进行建筑内外装饰时，应从多方面综合考虑，下面从建筑装饰材料的选择与功能方面进行简单介绍。

（1）要考虑所装饰的建筑物的类型和档次：所装饰的建筑类型不同，选择的建筑装饰材料也应当不相同；所装饰的建筑档次不同，选择的建筑装饰材料更应当有区别。

（2）要考虑建筑装饰材料对装饰效果的影响：建筑装饰材料的尺度、线型、纹理、色彩等，都会对装饰效果都将产生一定的影响。

（3）要考虑建筑装饰材料的耐久性：根据装饰工程的实践经验，对装饰材料的耐久性要求主要包括三个方面：力学性能、物理性能、化学性能。

（4）要考虑建筑装饰材料的经济性：从经济角度考虑装饰材料的选择，应有一个总体的观念，既要考虑到工程装饰一次投资的多少，也要考虑到日后的维修费用，还要考虑到装饰材料的发展趋势。

（5）建筑装饰材料的环保性：不会散发有害气体，不会产生有害辐射，不会发生霉变锈蚀，遇火不会产生有害气体；对人体具有保健作用。

## 三、建筑装饰材料的环保性要求

### 1. 污染源分析

室内环境污染来源大致可分为三大类：

（1）物理性污染。包括各种声、光、电磁及放射性污染，如音响噪声、显示器的光污染、手机辐射等，多来自于各种电器设备，部分装饰性石材也具有放射性。

（2）化学性污染。多表现为室内空气污染，主要来自于室内建筑装饰材料、家具释放的有毒有害气体及建筑物自身污染，还有小部分来自于做饭、吸烟及废弃物的挥发成分。

（3）生物性污染。主要有螨虫、白蚁及其他细菌等，主要来自地毯、毛毯、木制品及结构主体等。

由此可知，不良的建筑装饰材料是造成室内环境污染的主要载体，它们除了具有看不见的放射性外，多数以悬浮颗粒或气态形式呈现。较大的悬浮颗粒物如灰尘、棉絮等，可以被鼻子、喉咙过滤掉，至于肉眼无法看见的细小悬浮颗粒物，如粉尘、纤维、细菌和病毒等，会随着呼吸进入肺泡，造成免疫系统的负担，危害身体的健康。气态污染源包括一氧化碳、二氧化碳、甲醛、氨气、氡气等，液态的苯也是非环保装饰材料造成污染的成分之一。

室内装饰用的油漆、胶合板、刨花板、内墙涂料等均有甲醛、苯、氨、TVOC 等有毒物质。国家卫生和环保部门曾作过室内装饰材料抽查，结果发现：有毒物质所污染的材料占 68%，这些材料一旦进入居室，将会引发包括呼吸道、消化道、神经内科、视力、视觉等方面的 30 多种疾病，而且这些有毒气体的释放期比较长，室内甲醛的释放期为 3～15 年，居室装修后在短时间内采取通风措施来消除甲醛等有害物质的污染是起不到根本作用的。

### 2．环保型建材的要求

绿色建筑装饰材料作为一种建材产品除了应该满足相应的力学、使用及耐久性能要求外，最大的特点是环境保护性，即节省资源和能源，不产生或不排放污染环境、破坏生态的有害物质，减轻对地球和生态系统的负荷，实现非再生性资源的可循环使用。

目前的环保型建材可以分为三类：

（1）天然的、本身没有或极少有有毒有害的物质、未经污染只进行了简单加工的装饰材料，这类材料基本上无毒无害，如石膏、木材、某些天然石材等。

（2）经过加工、合成等技术手段来控制材料内有毒、有害物质的积聚和缓慢释放，可称为低毒、低排放型，对健康威胁不大，如甲醛释放量较低、达到国家标准的大芯板、胶合板、纤维板等。

（3）某些化学合成材料如环保型乳胶漆、环保型油漆，目前的科学技术和检测手段无法确定和评估其毒害物质影响，但随着科学技术的发展，将来可能会有重新认定的可能。

## 四、绿色装饰装修材料发展趋势

### （一）发展无毒、无害、低污染的建筑涂料

溶剂型建筑涂料虽然具有优良的性能，但对环境的污染严重，对人体健康影响很大。因此，建筑涂料的水性化是建筑涂料发展的必然方向，内外墙涂料如有机硅丙烯酸树脂、含氟树脂、水乳型乳氨酯等；地面涂料如水性环氧地坪、水性聚氨酯地坪。

研发超低 VOC 的高性能乳液，以进一步将内墙水性涂料 VOC 降低到 100g/L 以下。进一步提高油溶性树脂的水性化产品的品质，加快产业化步伐，提高取代溶剂型涂料的使用比例。研发高固体分、低 VOC 的溶剂型内外墙涂料，适应不同施工环境和使用要求，如低温施工、优异装饰效果和高抗沾污性。研发抗菌除臭涂料、负离子释放涂料和具有活性吸附功能、可分解有机物的涂料，以达到净化生活环境及改善空气质量，从而有利于人类健康的目的。

### （二）发展工业副产石膏建材制品

我国工业副产石膏品种多，产量大。经过处理的工业副产石膏，在化学、物理性能方面可与天然石膏等效，不含放射性、不污染环境，是生产纸面石膏板、石膏木质纤维板、石膏纸质纤维板、石膏砌块、石膏天花板、石膏人造大理石、粉制石膏等绿色建材制品的价廉物美原材料。

### （三）发展装饰用石材

我国适合建筑装饰用的优质石材资源也是有限的，因此如何提高优质石材的利用率和使用价值是值得研究的一个问题。我国大多数石矿山的荒料率低于 50%，应采用先进的技术装备提高石材资源的利用率。提高优质石材的使用价值，开发生产薄板制作新型的复合型石材装饰板材。发展石雕艺术品、异型材、园林工艺石材等具有特色的石材制品，扩大石材市场，提离石材的附加值，满足美化环境发展的要求。要研发利用采矿或加工的剩余废料制造美观的人工装饰石板，如高档水磨石板、合成人造石板及制品等。

### （四）发展绿色人造板材

#### 1. 绿色木质人造板材

目前我国生产的各种木质人造板材所用胶黏剂大多数以甲醛系列为主污染严重。而国外发达国家，已逐渐改用无毒、无害、固化速度快、抗水极好的生态胶黏剂亚甲苯二苯基二异氰酸酯（MDI）来生产，其甲醛释放量的标准达到 El 级。

加强推广竹地板。我国竹林资源丰富，竹林生长快，是用之不竭的自然资源。目前我国开发的竹地板已进入欧美市场，但在国内的认知度还不高，还有待进一步研究适合我国广大民众需求的竹地板。

加强对木材废料、劣质树木、沙生滋木的综合利用，如生产优质刨花板和密度纤维板，生产隔音板、阻燃板、防潮板、木塑型材块料及制品等。

#### 2. 绿色非木质人造板材

我国是农业大国，农业剩余物资源极其丰富，可做人造板原料的农业剩余物年产量达 6 亿 t，如麦秸、棉秆、蔗渣等的纤维素含量接近于阔叶树，少数接近于针叶树，是制造非木质人造板的好材料。如以麦秸为原料制成的人造板及饰面板，具有质轻、坚固耐用、防蛀、防水、机械加工性能好，无游离甲醛的污染等特点，可广泛应用于吊顶、墙面、地面等场合的装饰。

### （五）发展微晶玻璃装饰板

微晶玻璃装饰板是近年来新开发的一种新型装饰材料，被认为可以替代石材、陶瓷用于建筑的墙面、地面、柱面的高档装饰材料。它是以废弃矿渣为主要原料，通过烧结或压延法等工艺制成，是具有耐磨、耐腐蚀、耐高温、无放射、无污染特点的高新技术、高附加值产品，有广阔的发展前景。

### （六）发展绿色塑料门窗

近年来，我国塑料门窗以其优良的气密性、水密性、隔声性、保温性、耐老化性、耐腐蚀性、易保养性以及合理的使用寿命和价格比，受到用户的欢迎。但目前我国很多塑料建材生产过程往往要加入一些有毒的加工助剂，主要是热稳定剂铅盐、重金属皂和二丁基锡等，对生产环境和生态环境均会产生有害影响。为此，研制新型无毒、无害、性能优良的加工助剂，从根本上消除铅和有毒气体对生产环境和生态环境的危害，是塑料门窗型材生产企业面临的重点攻关项目。

### （七）发展绿色管材

长期以来，我国住宅工程中，室内排水管以铸铁管，室内给水管以镀锌钢管为主。这些金属管道存在着制造能耗高、使用寿命短，使用中易生锈、结垢，影响水质和流量等缺点。工业发达国家从 20 世纪 60 年代起就逐渐淘汰这些产品。我国在城镇新建住宅中，已禁止铸铁排水管和镀锌给水管，推广应用硬聚氯乙烯塑料排水管和铝塑复合管、交联聚乙烯管、三型无规共聚聚丙烯管等新型给水管材。这对促进我国绿色管道材料的发展，改善居民饮水质量起到积极的推动作用。

### （八）发展绿色地面装饰材料

地面装饰材料品种很多，当前要重点抓好如下绿色化产品的开发：

（1）实木复合地板、强化复合木地板。这些产品要特别重视降低游离甲醛的含量这一环保指标。

（2）竹质地板。竹材是节木、代木的理想材料，充分利用我国富有竹材资源，生产各种绿色竹材地板，既可满足国内外市场的需要，又可保护森林资源和生态环境，经济效益和社会效益显著。

（3）塑料地板。塑料地板具有品种花色多、材性好、脚感舒适、施工简便、可大规模自动化生产，在发达国家有较多应用。我国塑料地板应向提高品种、颜色、档次、无污染，保健型方向发展，推广使用优良的绿色环保型塑料地板产品。

（4）化纤地毯。化纤地毯在工业发达国家的家居地面装饰中广泛使用的一类产品，约占地面铺贴材料的70%以上。化纤地毯具有隔热、保温、防潮、防噪声、抗虫蛀、抗静电、品种多、装饰华贵等一系列优点，经过特殊工艺处理的化纤地毯尚有良好的保健作用。我国化纤地毯应在品种、档次、抗沾污性、易清洗性、保健性等方面发展。

## 第二节　绿色建筑装饰陶瓷

陶瓷的产生是人类史上一次巨大的进步，对人类物质文明发展具有非常重要的意义。陶瓷图案丰富，釉面光滑，色泽明快，能够美化人们的室内、室外生活环境；瓷砖防潮，耐磨，能够改善人们的生活空间，提高人们的生活质量，打造更为舒适美观的宜居环境。

但是陶瓷装饰材料在给我们带来舒适和方便的同时，它的弊端也逐渐显现出来。瓷砖的大规模工业化生产造成地球能源与资源的高消耗，导致了矿产资源的日益枯竭和水资源的巨大浪费，造成严重的环境污染。在这种背景下，绿色环保瓷砖的深入研发在当今社会是非常必要的，它既能满足人们对装饰陶瓷材料的要求，又能节约自然资源，保护生态环境，有利于人类的长远发展。

### 一、绿色装饰陶瓷的特点

瓷砖相对于其他装饰材料来说，有着其自身的独特性，它生产所利用的材料为不可再生资源，是黏土和釉料充分结合在窑炉高温作用下的产物。由于瓷砖原材料的不可再生性，在瓷砖烧制过程中也在越来越多地考虑环保因素。

### 1. 使用寿命长

瓷砖是日常耐用消费品，它的质量好坏关系到使用寿命的长短。质量过关的瓷砖能够延长使用寿命，降低综合成本。反之，如果瓷砖质量过差，使用周期会大大缩短，在短时期内需要重新铺装或维修，就会加大市场的瓷砖流通量，无形中会浪费更多的能源。在室内装修中，如果因为家中的瓷砖损坏，需要重新贴装的话，会带来很多的生活麻烦。所以，在开发绿色环保瓷砖时，要把使用寿命这一因素考虑进去。

### 2. 节约资源

目前，瓷砖生产的主要原料是高岭土等不可再生资源，当务之急是要降低瓷砖生产过程中资源的消耗，促进生产企业的节能减排。从长远来看，瓷砖生产企业要加大科技投入力度，要利用高新技术研制可再生资源来代替传统原材料生产。

在节能降耗和科研投入的基础上，瓷砖生产企业同样要转变思想，更新观念，以科学发展、可持续发展理念来指导企业的生产。比如，瓷砖并非越厚质量就越好，只要其承载能力达到一定的标准，就可发挥它应有的作用。要大力研制生产优质瓷质薄板砖，这种瓷砖不仅能节约资源，而且包装容易，减轻运输重量，易于打孔、切割和铺装，提高空间利用率。

### 3. 抗菌自洁

绿色瓷砖应该能有利于人体与其接触使用过程中的健康，能够抵抗细菌的侵蚀。如二氧化钛膜面瓷砖或光催化陶瓷，它是在陶瓷釉中加入氧化银、二氧化钛等材料，经过高温烧成，在瓷砖表面生成 $TiO_2$ 薄膜。这层保护膜在光线的作用下，能够发生催化氧化作用，从而分解空气中的有害物质，达到净化空气的作用。

### 4. 瓷砖废料再利用

除了节约利用矿物原材料，循环利用瓷砖废料，开发新型瓷砖品种，也是装饰陶瓷材料绿色化的一个重要方面。在瓷砖的生产和运输过程中，难免会产生废弃瓷砖，这些废弃物会对环境造成一定的污染。通过重新利用废料，比如用瓷砖废渣制造新型外墙隔热保温材料，变废为宝，不仅保护了环境，还节省了生产成本。

### 5. 装饰性强

绿色环保型瓷砖的生产不仅要求科技含量高，采用新型陶瓷配方，废料再利用，瓷砖的装饰功能也越来越重视。在家居设计中，如果瓷砖的颜色和造型很漂亮耐看，易于与各种家具搭配，那么家具的损坏和更替很少会受到瓷砖的限制，大大降低了装修成本。

在绿色瓷砖的设计生产中，要充分考虑瓷砖的颜色和造型适合于大众消费者。使瓷砖在室内装修过程中，易于施工，容易搭配家具陈设，节约人力物力，降低工程造价。绿色瓷砖的造型应以方形为主，卫生间和厨房阳台可以设计一些实用美观的墙面砖或立体瓷砖。

## 二、新型建筑装饰陶瓷

### 1. 陶瓷透水砖

目前许多城市街道地面铺设了大理石、釉面砖、水泥砖等材料。这些材料透水、透气性差，自然降水不能渗入地下，应用生态环保陶瓷透水砖是城市留住自然降水的有效方法。

陶瓷透水砖的生产工艺是将煤矸石、废陶瓷、废玻璃先用颚式破碎机进行破碎，再用球磨机将颗粒形状磨均匀。将颗粒筛分为粗细固体颗粒，把水、胶黏剂和粗细固体颗粒分别混合均匀，压制成型。最后放入隧道窑中，经过干燥后在 1 160℃高温下煅烧，即可制成微孔蜂窝状陶瓷透水砖。制造时可根据需求，在原料中加入适量颜料，配制成不同颜色的透水砖。

环保陶瓷透水砖具有以下优点：

（1）透水性能很好，具有很高的孔隙率，特别是有较多的连通孔，即使下暴雨，雨水也能迅速透过地表渗入地下。

（2）表面粗糙，具有良好的防滑性和耐磨性，雨雪天路面无积水，避免行人因路滑而摔倒。

（3）采用高温烧结生产的陶瓷砖，抗压强度可达 50MPa 以上，抗折强度大于 7MPa，表面莫氏硬度可达 8 级以上。

（4）充分利用煤矸石、废陶瓷、废玻璃等固体工业废渣，减少了工业废渣对环境的污染，节约矿产资源。

（5）铺设方法简便，虽然价格高于同类型的混凝土砌块砖，但其综合成本低，使用年限远远超过其他路面装饰材料，具有良好的经济实用性。

### 2．泡沫陶瓷

作为一种新型的绿色装饰材料，泡沫陶瓷具有气孔率高、比表面积大、抗热震性好、强度高、耐高温、耐腐蚀、使用寿命长及良好的过滤吸附性等优点。泡沫陶瓷因其不同的孔隙结构而具有透水、吸音、隔热等功能，应用越来越广泛。

泡沫陶瓷导热系数低，因此这种材料具有很好的隔热保温效果。利用这种优点可以将其用于各种防止热辐射的场合，以及用于保温节能方面。因此，从环保和节能两方面来说都是有利的。例如，当冬天或者夏天我们在室内打开空调的时候就需要房屋具有良好的隔热能力，否则室内温度的调节就很难实现。隔热保温砖在国内部分新建的住宅小区和办公楼中已经开始得到应用。

由于泡沫陶瓷具有大量的由表及里的三维互相贯通的网状小孔结构，当声波传播到泡沫陶瓷上时，引起孔隙中的空气振动，由于黏滞作用，声波转换为热能而消耗，从而达到吸收噪音的效果。一些新型建筑广泛采用泡沫陶瓷作为墙体材料，可以达到非常好的隔音效果。目前有人正在研究把泡沫陶瓷作为一种降音隔声的屏障用于地铁、隧道、影院等有较高噪音的地方，效果很好。

### 3．自洁陶瓷

二氧化钛在紫外线照射激发后具有光催化作用，在瓷砖表面负载一层纳米级 $TiO_2$ 颗粒，使得瓷砖具有自清洁和抗菌、除臭功能。这种薄膜透明无色，不影响釉面的装饰效果。此外，$TiO_2$ 薄膜属于无机材料，具有不易燃和耐腐蚀的特性。经紫外线激发后，$TiO_2$ 涂层瓷砖的光催化作用会持续很长时间，能破坏有机物结构，提高瓷砖表面的润湿性。它所具有的功效如下：

（1）灭菌。$TiO_2$ 被激发后产生的电子—空穴对，具有强氧化性，当有机物、微生物、细菌等与二氧化钛薄膜接触时，就被氧化成二氧化碳和水。

（2）自清洁或易清洁性。由于 $TiO_2$ 涂层润湿性高，水可轻易在瓷砖表面铺展开。因此自来水、雨水在这种瓷砖表面就相当于清洁剂。油脂、灰尘不易黏附在光催化涂层上，容易脱离瓷砖面。综合表现为自清洁或易清洁性，可降低清洁剂的用量。

（3）防雾。水滴是瓷砖表面雾化的直接原因，凝结水在润湿性高的 $TiO_2$。涂层瓷砖表面铺展开来难以形成水滴，起到防雾作用。且干燥时又能去除污迹，使得瓷砖表面保持干净。这种性能在浴室尤其重要，使瓷砖具有优良的冲洗效果。

（4）清新空气。在循环流动的空气中，光催化瓷砖将与其表面接触的微生物杀灭，从而具有除臭、清新空气的作用。可用于卫生陶瓷、外墙釉面砖、医院病房等方面。

### 4．抗菌陶瓷

在陶瓷釉中或表面上浸渍、喷涂或者滚印上无机抗菌剂，从而使陶瓷制品表面上的致病细菌控制在必要水平之下。抗菌陶瓷在保证陶瓷装饰效果的前提下，具有抗菌、除臭功能。抗菌陶瓷一般分为以下几种：

（1）银离子系抗菌陶瓷。

将含有 Ag 离子的无机物加入釉料中烧制抗菌釉。微量的 Ag 离子进入菌体内部，破坏微生物细胞，与此同时，Ag 离子的催化作用可将氧气或水中的溶解氧转换为具有抗菌作用的活性氧。

（2）光催化钛系抗菌陶瓷。

光触媒 $TiO_2$ 不仅具有自洁功能，还具有很强的抗菌功能。经过紫外线照射后，$TiO_2$ 的光催化作用能将环境中有害有机物降解为二氧化碳和水，且光照下生成的过氧化氢和羟基自由基，具有杀菌作用。

（3）稀土激活系复合抗菌陶瓷。

在银系、光触媒抗菌剂中加入含有稀土元素的原料而制成。光触媒受到紫外线照射时，产生电子—空穴对，稀土元素的价电子带因俘获光催化电子而被激活。由于稀土元素的激活，使抗菌剂的表面活性增大，达到提高抑菌的效果，产生保健、抗菌、净化空气的综合功效。

（4）远红外抗菌陶瓷。

将远红外材料加入陶瓷原料中烧制成瓷，在常温下能发射出 8～18μm 波长的远红外线。红外辐射能直接穿透细胞壁，细菌体分泌的毒素在此环境下容易受到破坏。能有效破坏菌体的新陈代谢和抑制其生长繁殖，从而具有杀菌功能。此外远红外线还具有优良的保健功能。

### 5．负离子釉面砖

较高的空气负离子浓度是高空气质量所必须具备的条件之一。在自然界里，植物的光合作用、水流撞击、雷电现象等都可以产生大量的负离子。在居室环境中，增加空气负离子浓度对促进人体健康具有重要意义。

将电气石磨成超细粉，按 5%～15%比例加入到釉料或坯料中可以烧制成负离子陶瓷。电气石是以含硼为特征的铝、钠、铁、镁、锂的环状结构硅酸盐矿物，可以使空气电离产生负离子。由于电气石存在的永久性电极，使其表面具有强电场，强电场将空气中的水分子电离生成 $OH^-$和 $H^+$，而羟基与极性的水分子结合形成水合羟基负离子，即空气负离子，散发到空气中提升空气负离子浓度。

### 6．太阳能瓷砖

太阳能光伏电池瓷砖是在釉层里加入氧化锡或氧化钴电极层，然后在釉料表面上复合硅层和透明保护膜，接线后瓷砖就具有太阳能发电作用。太阳能瓷砖可用于屋顶砖、外墙砖，还可联合有机硅层与瓷砖结构来做成隔声系统。

黑色物体具有较高的光热吸收、转换效率，在普通陶瓷原料中加入一定比例的钛钒尾渣，由于钒尾渣中 V、Ti 等元素化合物含量高，可制得阳光吸收率高达 90%的黑色瓷砖，应用于太阳能房顶、暖气片、红外辐射地板等方面。黑瓷板目前多用于太阳能加热热水，未来可发展用于太阳能发电。

## 三、绿色装饰陶瓷研发方向

陶瓷行业的新型化和绿色化面临各种挑战，对日用装饰陶瓷来说，第一道通行证就是铅、镉溶出量达标，而且要适当考虑到其他元素的限定允许值。应站在环境保护、人体健康的高度，树立绿色陶瓷的新理念，改造和更新传统陶瓷装饰材料的制备方法及材质。

（1）要改变观念，不能认为用铅可以达到要求即可，日用炊餐具装饰一定要走无铅、镉的路，虽然现行国际标准中有一定的允许限定量，但最终的趋势一定是无铅、镉溶出。

（2）要考虑到在将来的发展过程中，被限定溶出量的元素会增多。比如有毒元素铋、钡、锌等的溶出，尽量不引入或少引入，采用无毒无害的原料，是绿色陶瓷的决定性部分。

（3）要不断创新，开发新的色剂，以替代含铅、镉、锑、砷、硒等有毒害元素的色剂，要减少有毒废水排放。注意酸洗液的回收，向“零排放”方向努力，确保长期使用安全。

（4）更新传统釉料、颜料的材质，开发集环保与保健功能于一身的新型陶瓷装饰材料。赋予传统陶瓷装饰材料以新活力。

（5）改造传统陶瓷装饰材料的制备工艺。采用绿色无机合成的办法，如水热法、溶胶凝胶法、先驱物法、共沉淀法等，合成陶瓷色剂或釉料、溶剂中所需的某些组分，以减少挥发，防止污染，实现清洁生产。

（6）改革传统的烧成方法。如采用微波烧结、反应烧结、高温自蔓延法等新技术合成陶瓷色剂，以降低能耗，有效地改善生产环境。

## 第三节　绿色建筑装饰玻璃

玻璃是以石英砂、纯碱、石灰石等无机氧化物为主要原料，与某些辅助性原料经高温熔融，成型后经过冷却而成的固体。玻璃是现代室内装饰的主要材料之一。随着现代建筑发展的需要和玻璃制作技术的飞跃，现代玻璃的功能已从过去单纯作为采光材料，逐渐向着控制光线、调节热量、节约能源、控制噪音、改善建筑环境、提高建筑艺术等多种功能发展，具有高度装饰性和多种适用性的玻璃新品种不断出现，为室内装饰装修提供了更大的选择性。

玻璃品种繁多，分类方法也多样，不同种类的玻璃有着各自的特殊用途，本节重点介绍几种节能环保型建筑装饰玻璃。

### 一、吸热玻璃

吸热玻璃是指能大量吸收红外线辐射，又能使可见光透过并保持良好的透视性的玻璃。

吸热玻璃的生产方法分为本体着色法和表面喷涂法两种。本体着色法是在普通玻璃原料中加入具有吸热特性的着色氧化物，如氧化镍、氧化钴、氧化铁、氧化硒等，使玻璃本身全部着色并具有吸热特性。表面喷除法是在普通玻璃的表面喷涂有色氧化物，如氧化锡、氧化钴、氧化锑等，在玻璃的表面形成一层有色的氧化物薄膜。

吸热玻璃按其成分和特性分为硅酸盐吸热玻璃、磷酸盐吸热玻璃、光致变色玻璃、热反射玻璃等。按玻璃的成型方式分为吸热普通平板玻璃和吸热浮法玻璃。

吸热玻璃对太阳能的辐射有较强的吸收能力，当太阳能照射在吸热玻璃上时，相当一部分太阳辐射能被玻璃吸收，被吸收的热量大部分可再向室外散发。吸热玻璃比普通玻璃吸收的可见光要多得多，6mm 厚古铜色吸热玻璃吸收太阳的可见光是同样厚度的普通玻璃的三倍。这一特点能使透过的阳光变得柔和，能有效地改善室内色泽。

吸热玻璃还能吸收太阳的紫外线。吸热玻璃能显著减少紫外线的透射对人和物的损害，有效地防止室内家具、日用器具、商品、档案资料与书籍等因紫外线照射而褪色和变质。吸热玻璃具有一定的透明度，在室内能清晰地观察室外景物，但当室内亮于室外时则反之。

吸热玻璃在建筑装修工程中应用较多，凡既需采光又需隔热之处均可采用。采用不同颜色的吸热玻璃能合理利用太阳光，调节室内温度，节省空调费用，而且对建筑物的外表有很好的装饰效果。一般多用做高档建筑物的门窗或玻璃幕墙。

## 二、阳光控制镀膜玻璃

阳光控制镀膜玻璃，是对波长范围 350～1 800nm 的太阳光具有一定控制作用的镀膜玻璃。

镀膜玻璃，是在平板玻璃的生产中或制成后，采用多种近代工艺，使其表面形成很薄的金属或金属氧化物覆层，以达到改善光学、热学性能的玻璃深加工制品。由于薄膜玻璃所用的原片、膜质、工艺等不同，使它们的性能会有很大差异，不能用镀膜玻璃这一笼统称谓来混同。

阳光控制镀膜玻璃按热处理加工性能分为非钢化、钢化和半钢化三类；按外观质量、光学性能差值、颜色均匀性分为优等品及合格品两级。其光学性能要达到表 7-2 的要求。

表 7-2　阳光控制镀膜玻璃的光学性能要求

| 项目 | 允许偏差最大值（明示标称值） | | 允许偏差最大值（未明示标称值） | |
|---|---|---|---|---|
| 可见光投射比大于30% | 优等品 | 合格品 | 优等品 | 合格品 |
| | ±1.5% | ±2.5% | ≤3.0% | ≤5.0% |
| 可见光投射比小于等于 30% | 优等品 | 合格品 | 优等品 | 合格品 |
| | ±1.0% | ±2.0% | ≤2.0% | ≤4.0% |

阳光控制镀膜玻璃能有效限制太阳能直接辐射的入射量，遮阳效果明显，对室内物

体和建筑构件具有良好视线遮蔽功能，可以减弱紫外线的透过，同时具有丰富多彩的反射色调和极佳的装饰效果。适用于夏季炎热阳光炽烈的地区、要求色彩装饰效果的建筑以及要求私密性室外视线遮蔽效果的建筑。

## 三、LOW-E 玻璃

LOW-E 玻璃，又称低辐射镀膜玻璃，是对近红外光具有较高透射比，而对远红外光具有很高反射比的一种节能玻璃。

低辐射玻璃能使太阳光中的近红外光透过玻璃进入室内，有利于提高室内的温度，而被太阳光加热的室内物体所辐射出的远红外光则几乎不能透过玻璃向室外散失，因而低辐射玻璃具有良好的太阳光取暖效果。

低辐射玻璃对可见光具有很高的透射比（75%～90%），能使太阳光中的可见光透过玻璃，因而具有极好的自然采光效果。此外，低辐射玻璃对紫外光也具有良好的吸收作用。

低辐射膜玻璃一般不单独使用，往往与普通平板玻璃、浮法玻璃、钢化玻璃等配合，制成高性能的中空玻璃。

## 四、中空玻璃

中空玻璃是两片或多片平板玻璃，其周边用间隔框分开，并用气密性好的密封胶密封，使玻璃层间形成干燥气体空间的玻璃制品。为防止空气结露，边框内常放有干燥剂。空气层的厚度为 6～12mm 以获得良好的隔热保温效果。中空玻璃使用的原片玻璃有普通平板玻璃、浮法玻璃、吸热玻璃、夹丝玻璃、钢化玻璃、压花玻璃、热反射玻璃、低辐射玻璃、彩色玻璃等。

### （一）中空玻璃的性能特点

#### 1. 光学性能

中空玻璃的光学性能取决于所用的玻璃原片，由于中空玻璃所选用的玻璃原片可具有不同的光学性能，因此制成的中空玻璃可见光透过率、太阳能反射率、吸收率及色彩可在很大范围内变化，从而满足建筑设计和装饰工程的不同要求。

中空玻璃的可见光透视范围 10%～80%，光反射率 25%～80%，总透过率 25%～50%。

### 2. 热工性能

中空玻璃比单层玻璃具有更好的隔热性能。厚度 3～12mm 的无色透明玻璃，其传热系数为 6.5～5.9W/（$m^2$·K），而以 6mm 厚玻璃为原片，空气层厚度为 6mm 和 9mm 的普通中空玻璃，其传热系数为 3.1～3.4W/（$m^2$·K），大体相当于 100mm 厚度普通混凝土的保温效果。

由双层热反射玻璃或低辐射玻璃制成的高性能中空玻璃，隔热保温性能更好，尤其适用于寒冷地区和需要保温隔热、降低采暖能耗的建筑物。

### 3. 露点

在室内一定的相对湿度下，当玻璃表面达到某一温度时，出现结露，直至结霜，这一结露的温度叫做露点。玻璃结露后将严重地影响透视和采光，并引起一些其他不良效果。中空玻璃的露点很低，在通常情况下，中空玻璃接触室内高湿度空气的时候，玻璃表面温度较高，而外层玻璃虽然温度低，但接触的空气湿度也低，所以不会结露。

### （二）中空玻璃的用途

中空玻璃主要用于采光，但又要求隔热保温、隔声、无结露的门窗、幕墙等，它可明显降低冬季和夏季的采暖和制冷费用。中空玻璃的价格相对较高，故目前主要用于宾馆、办公楼、商场、机场候机厅、火车、轮船、纺织印染车间等。选用时应根据环境条件及特殊要求来确定中空玻璃的种类，如南方炎热地区可采用吸热中空玻璃、热反射中空玻璃、吸热—热反射中空玻璃，北方地区应选用低辐射中空玻璃，有安全要求的应采用夹层中空玻璃、钢化中空玻璃、夹丝中空玻璃。

## 五、聚碳酸酯玻璃

聚碳酸酯（PC）是一种非晶型的热塑性工程塑料，通常称做双酚 A 型聚碳酸酯。它与 ABS、PA、POM、PBT 和改性 PPO 一起被称为六大通用工程塑料。PC 树脂具有优异的耐冲击强度，可见光透过率在 90%以上，并且有良好的电绝缘性、延伸性、耐腐蚀性，还有自熄、阻燃、无毒、卫生等性质。

通过压制或挤出方法制得的PC板可以作为高性能的窗玻璃，它的重量轻，为无机玻璃的一半，隔热性能较无机玻璃提高25%，冲击强度是无机玻璃的250倍，冲击强度无缺口不断裂，可连续耐热120℃。断裂伸长50%～100%，抗压强度为85MPa，抗弯强度为105MPa。

生产PC板材时，可以加入消色剂制成无色透明板，或者加入颜料制成装饰性极佳的多彩板材，也可以生产带有各种花纹、图案的板材，或高强轻质的空心结构板，或具有自熄性、透光率为80%的蜂窝瓦楞板等。主要用于大面积曲面屋顶、走廊、楼梯护栏等，经表面钢化处理的PC板，可用于商业橱窗玻璃、高层建筑物玻璃、交通工具玻璃、防弹玻璃等。由于它具有突出的抗冲击强度，受到外力撞击时，不会发生破碎现象，从而保证了人身安全。

### 六、太阳能玻璃

目前有两类太阳能转换装置被广泛应用，一种是利用光电效应使太阳能转换为电能，一类是吸收或反射太阳辐射能并转换为热能。

玻璃作为一种利用太阳能的材料具有很多的优越性，玻璃对太阳有很高的透过率和较低的反射率；也可以在玻璃中掺入某些着色剂，对不同波长的光进行选择吸收；玻璃表面平整光滑，容易清洗，可以抵抗风雨、高温等天气；能加工成各种几何形状、尺寸和厚度，成本较低。

## 第四节　绿色装饰混凝土和石材

装饰混凝土是经艺术和技术加工的混凝土饰面，它是把构件制作与装饰处理同时进行的一种施工技术，用于建筑物室内外表面装饰，以材料本身的质感、色彩美化建筑。它可以简化施工工序，缩短施工周期，而其装饰效果和耐久性更为人们普遍称道。同时，装饰混凝土原材料来源广，造价低廉，经济效果显著。所以，装饰混凝土有着广阔的发展前景。

天然石材作为建筑材料已有几千年的历史，其中天然大理石、花岗岩，以材质坚硬、抗磨、耐水、耐久、外观高雅、施工方便，赢得人们青睐，常用来装饰住宅大厅、卫生间、厨房地面。但生来的放射性，会对人的健康产生危害，却往往被忽视。为此，我国于 1993 年颁布了强制性行业标准《天然石材产品放射防护分类控制标准》（JC 518—1993），根据规定，天然石材产品放射性程度分为 A、B、C 三类，其中只有 A 类产品放射性当量浓度最低，可以用在住宅地面及其他任何场合，使用范围不受限制。

我国天然石材资源极为丰富，但石材中放射物当量浓度普遍超标。一般来说，从外观看，深红色、红色、深绿色、深黑色等颜色越深的石材放射物当量浓度指标越高，要避免用于住宅地面的装饰，可适当、限量选用浅颜色的、放射性低的天然石材装饰住宅内局部地面。

除天然石材外，人们越来越多地生产人造石材饰面。人造石材可以做到以假乱真的程度，其色彩、花纹可以根据设计意图制作，几何形状上有独到的可加工性，与天然石材相比，没有放射物之嫌，且比较经济，现已大量应用于高级建筑装饰中。

## 一、彩色混凝土

混凝土问世百余年来，催生了无数摩天高楼，但其饰面呆板、色彩灰冷的缺憾始终无法解决。1955 年，彩色混凝土的出现弥补了这一缺憾。该产品最突出的特点是能够直接在水泥表面非常逼真地模仿许多高档建筑装饰材料的质地以及色泽，一改水泥表面的灰暗冷淡，呈现出的效果酷似天然的花岗岩、大理石、火山岩、青石板及砖石等。它能刻意表现出自然材质的粗糙、凹凸不平和复杂的纹理，也可以平整如水、光亮如镜，同时其耐久性可与真石材媲美，可修复性好，无限的色彩组合以及模具选择使其有丰富的造型选择性。

彩色混凝土是一种绿色环保装饰材料，目前，该产品已经被全世界多数国家和地区广泛使用。彩色混凝土可把建筑物装饰得更加绚丽多姿，用彩色混凝土可以制作出不同的颜色和图案，使路面、广场、停车场更加丰富多彩；用彩色混凝土制造的雕塑，显得更加生气勃勃；用彩色混凝土修饰花坛、树盘、草坪，使环境更加文明幽雅。彩色混凝土可有效地替代天然石材，并且在某些方面是石材无法比拟的。

彩色混凝土是使用特种水泥和颜料或选择彩色骨料，在一定工艺条件下制得。在混凝土中掺入适量彩色外加剂、无机氧化物颜料和化学着色剂，或者干撒着色硬化剂，均是使混凝土着色的常用方法。出于经济上的考虑，整体着色的彩色混凝土应用较少，通常是在普通混凝土或硅酸盐混凝土基材表面加做彩色饰面层，制成面层着色的路面砖。

将不同颜色的水泥混凝土花砖，按设计图案铺设，外形美观，色彩鲜艳，成本低廉，施工方便，在满足结构承载力的同时，省去了后期的装饰工程，与普通外装饰材料相比，更具外观的持久性及安全性。

## 二、清水混凝土

清水混凝土又称装饰混凝土，因其极具装饰效果而得名。它属于一次浇注成型，不做任何外装饰，直接采用现浇混凝土的自然表面效果作为饰面，因此不同于普通混凝土，表面平整光滑、色泽均匀、棱角分明、无碰损和污染，只是在表面涂一层或两层透明的保护剂，显得十分天然庄重，见图 7-1。

图 7-1 清水混凝土试块和装饰效果

在一定条件下，清水混凝土的装饰效果是其他建筑材料无法效仿和媲美的。例如，建筑物所处环境比较空旷，前后左右有较好的绿化，天穹衬托，建筑物本身体型灵活丰富，有较大的虚实对比，立面上玻璃或其他明亮材料占相当比例，使建筑物不趋于灰暗。材料本身所拥有的柔软感、刚硬感、温暖感、冷漠感可以对人的感官及精神产生影响，看似简单，有时其实比金碧辉煌更具艺术效果。

清水混凝土是名副其实的绿色混凝土，混凝土结构不需要装饰，舍去了涂料、饰面等化工产品；有利于环保，清水混凝土结构一次成型，不剔凿修补、不抹灰，减少了大量建筑垃圾；消除了诸多质量通病，清水装饰混凝土避免了抹灰开裂、空鼓甚至脱落的质量隐患，减轻了结构施工的漏浆、楼板裂缝等质量通病；节约成本，清水混凝土的施工需要投入大量的人力物力，势必会延长工期，但因其最终不用抹灰、吊顶、装饰面层，从而减少了维修保养费用，最终降低了工程总造价。

## 三、人造石材

人造石材一般指人造大理石和人造花岗岩，以人造大理石的应用较为广泛。由于天然石材的加工成本高，现代建筑装饰业常采用人造石材。它具有重量轻、强度高、装饰性强、耐腐蚀、耐污染、无放射性、生产工艺简单以及施工方便等优点，因而得到了广泛应用。

人造石材按照使用的原材料分为四类：无机水泥型人造石材、有机树脂型人造石材、烧结型人造石材和复合型人造石材。

### 1．无机型人造石材饰面

它是以水泥为黏结剂，砂为细骨料，碎大理石、花岗岩、工业废渣等为粗骨料，经配料、搅拌、成型、加压蒸养、磨光、抛光等工序而制成。通常所用的水泥为硅酸盐水泥，现在也用铝酸盐水泥作黏结剂，用它制成的人造大理石面光泽度高、花纹耐久、抗风化、耐火性、防潮性都优于一般的人造大理石。这是因为铝酸盐水泥的主要矿物成分 $CaO \cdot Al_2O_3$ 水化生成了氢氧化铝胶体，在凝结过程中，与光滑的模板表面接触，形成氢氧化铝凝胶层；与此同时，氢氧化铝胶体在硬化过程中不断填塞水泥石的毛细孔隙，形成致密结构。所以制品表面光滑，具有光泽且呈半透明状。

典型的无机型人造饰面是水泥花砖，其原材料来源广泛，价廉，制作容易，因而受到普遍欢迎。但光泽度不高，装饰效果一般，耐腐蚀性较差。

### 2．树脂型人造石材饰面

这种人造石材多是以不饱和聚酯为黏结剂，与石英砂、大理石、方解石粉等搅拌混合，浇铸成型，经固化、脱模、烘干、抛光等工序制成。聚酯型人造石材的综合力学性能较好，特别是抗折强度和抗冲击强度优于天然石材，具有重量轻、强度高、耐腐蚀、抗污染、施工方便等特点，是现代建筑较为理想的室内装修材料。

树脂型人造石材可用于室内装修和卫生洁具，但不能用于室外，因为它和其他高分子聚合物一样，长期处于室外自然环境中会发生老化现象，使装饰效果降低。

### 3. 复合型人造饰面石材

这种石材的黏结剂中既有无机材料又有有机高分子材料。先将无机填料用无机胶黏剂胶结成型，养护后，再将坯体浸渍于有机单体中，使其在一定条件下聚合。板材制品的底层要采用无机材料，其性能稳定且价格较低；面层可采用聚酯和大理石粉制作，以获得最佳的装饰效果。无机胶结材料可用快硬水泥、白水泥、铝酸盐水泥以及半水石膏等。有机单体可以采用苯乙烯、甲基丙烯酸甲酯、醋酸乙烯、丙烯腈、二氯乙烯、丁二烯等，这些树脂可单独使用或组合起来使用，也可以与聚合物混合使用。

### 4. 烧结型人造石材饰面

目前烧结型人造石材主要有微晶玻璃装饰板和陶瓷面砖两种。

微晶玻璃装饰板材（见图 7-2），是将一层 3～5mm 的微晶玻璃复合在陶瓷玻化石的表面，经二次烧结后完全融为一体的高科技产品。它有着晶莹剔透的外观，自然生长而又变化各异的仿石纹理、色彩鲜明的层次，以及不受污染、易于清洗、优良的理化性能，另外还具有比石材更强的耐风化性。

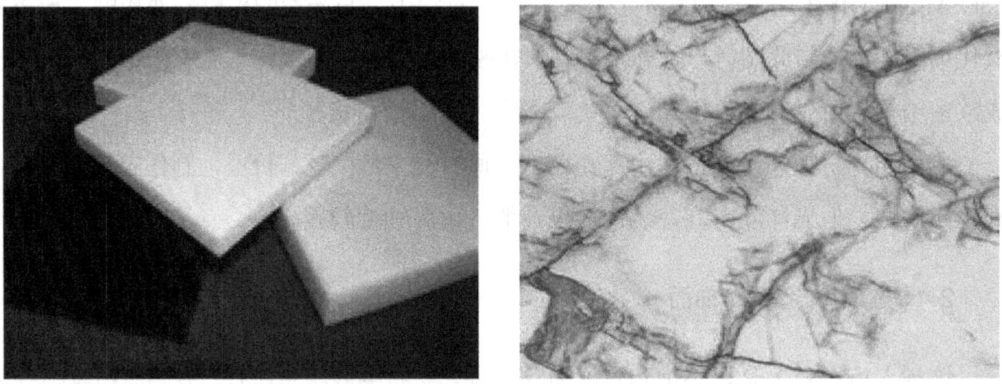

图 7-2 微晶玻璃装饰板材

微晶石板材是由特定组分的玻璃颗粒在高温下烧结而成，其内部组织结构为玻璃相和结晶相共存，两者的比例决定了材料的理化性能和表面特性。微晶石的结晶相是从玻璃颗粒界面开始向中心生长，由于晶体生长方向各异及两种岩相组织共存，从而形成绚丽的表面花纹。由于微晶石是在高温下烧制而成，玻璃颗粒在高温下呈熔融状态，颗粒之间搭接空间所存在的空气以及颗粒内部原有的气泡被封闭在内无法排出从而在内部形成大量的气孔。与此同时，在熔融状态下，由于表面张力的作用，其表面形成一个“火抛光”表层，其厚度仅有几十微米。这层极薄的表层组织将内部气孔完全覆盖，从而确保了微晶石表面的装饰效果。

微晶玻璃陶瓷复合板是微晶玻璃与陶瓷板材的平面复合材料，显示了多方面的综合优势。

（1）微晶玻璃陶瓷复合板吸收了陶瓷板材机械强度大、韧性强、耐冲击性能好、耐化学腐蚀性能高的优点，从而使这种复合板材的机械性能优于纯微晶玻璃的板材。其综合的耐酸碱性能也强于纯微晶玻璃板材，提高了微晶玻璃的使用性能。同时，也为减少板材的重量和拓宽高层建筑的应用提供了可能。

（2）微晶玻璃板材一般采用烧结法生产，而陶瓷板材是采用成熟的、高度机械化、自动化连续的生产线进行生产。微晶玻璃陶瓷复合板是将微晶玻璃粒料布撒在烧结好的陶瓷板材表面上，在辊道窑中烧成，然后在连续的抛光线上完成抛光工序。这种复合板的生产实现了机械化、自动化，致使微晶玻璃的产量大幅度提升，同时，能源消耗也会大幅度降低。

（3）微晶玻璃采用的原料相当部分都是化工原料，而且还要经过高温熔化、水淬、烘干、过筛、破碎等多道生产工序，而陶瓷板材采用的原料绝大部分都是天然原料，生产工序要简单许多，其成本相对较少。微晶玻璃陶瓷复合板采用 1/3 厚度（或者更少）的微晶玻璃与 2/3 厚度的陶瓷素坯复合，与纯微晶玻璃板材相比，微晶玻璃陶瓷复合板可以大幅度降低成本，获得更多的经济效益。

## 第五节　绿色木质装饰材料

木质装饰材料是指包括木材、竹材以及以木材、竹材为主要原料加工而成的一类适合于家具和室内装饰装修的材料。

人造板工业的发展极大地推动了木质装饰材料的发展，包括中密度纤维板、刨花板、微粒板、细木工板、竹质板等基材的迅猛发展。新的表面装饰材料和装饰工艺的不断出现，使木质装饰材料的品种、花色、质地和产量都大大增加。

木质装饰材料以其优良的特性和广泛的来源，大量应用于宾馆、饭店、影剧院、会议厅、居室、车船、机舱等各种建筑的室内装饰中。

## 一、木质装饰材料的特点

木材和竹材是人类最早应用于建筑以及装饰装修的材料之一。由于木材、竹材具有许多不可由其他材料所替代的优良特性，它们至今在建筑装饰装修中仍然占有极其重要的地位。虽然其他种类的新材料不断出现，但木质材料仍然是家具和建筑领域不可缺少的材料，其优点可以归结如下：

（1）不可替代的天然性。木材、竹材是天然的，有独特的质地与构造，其纹理、年轮和色泽等能够给人们一种回归自然、返璞归真的感觉，深受广大人民所喜爱；

（2）典型的绿色材料。木质材料本身不存在污染源，其散发的清香和纯真的视觉感受有益于人们的身体健康。与塑料、钢铁等材料相比，木材、竹材是可循环利用和永续利用的材料；

（3）优良的物理力学性能。木材、竹材是质轻而高比强度的材料，具有良好的绝热、吸声、吸湿和绝缘性能。同时，木材、竹材与钢铁、水泥和石材相比具有一定的弹性，可以缓和冲击力，提高人们居住和行走的安全。

（4）良好的加工性。木材、竹材可以方便地进行锯、刨、钉、剪等机械加工和贴、粘、涂、画、烙、雕等装饰加工。

由于高科技的参与，木材在建筑装饰中又添异彩。目前，由于优质木材受限，为了使木材自然纹理之美表现得淋漓尽致，人们将优质、名贵木材旋切薄片，与普通材质复合，变劣为优，满足了消费者对天然木材喜爱心理的需求。

## 二、木质装饰材料的使用问题

实木地板、木质合成地板、强化复合地板、塑料地板、化纤地毯等，是人们经常选用的地面装饰材料。近年来出现的竹材地板，以其纹理自然、清晰、高雅、坚硬、耐水性好、色彩均匀等优点，颇受人们注意。

然而，除天然实木地板外，其他地面装饰材料的生产，都是一种物理化学加工过程，由于使用了化学添加剂、胶黏剂，就使得成品装饰材料带有化学污染性，例如各种建筑人造板、木质复合地板、强化复合地板等，在使用期间散发出游离甲醛有害成分，污染生活空间。当空气中甲醛含量为 $0.1mg/m^3$ 时，就有异味和不适感，会刺激眼睛流泪；

含量高于 0.1mg/m$^3$ 时，将引起咽喉不适、恶心、呕吐、咳嗽和肺气肿；当空气中甲醛含量达到 30mg/m$^3$ 时，便能致人死亡。当人们长期吸入低量甲醛时，同样会引起慢性呼吸道疾病和其他严重不良后果。国际上对甲醛含量普遍加以严格控制，在居住区内规定甲醛质量浓度限制量为≤0.05mg/m$^3$。由于居室地面贯通全部有效使用面积，人们在其上接触、活动最频繁，所以，对地面装饰，应慎重考察，尽量选用符合污染物限量控制标准要求的环保型地面装饰材料。

另外，现代社会对木材的大量需求反映了人们追求绿色环保产品的愿望，绿色天然的木质材料由于其自然属性对人体的伤害最小，无疑有益于人的身心健康。然而森林资源毕竟是有限的，无度的使用和浪费只会给自然带来无法愈合的伤口。当人们更加强烈地意识到破坏生态环境带来的巨大危害，合理地使用木材原料，注重木材的种植和保护，开发出新型“代木”材料已成为当务之急。

## 三、环保型木材胶黏剂

随着消费者环境意识的增强，甲醛系胶黏剂特别是粘结室内用的脲醛树脂的生产受到越来越严格的限制。在木材复合材料生产中，使用最多的胶黏剂是以甲醛为基料的脲醛树脂、酚醛树脂和三聚氰氨树脂胶黏剂，以上三种胶的原料均来自不可再生的化石资源，而且会对人的身体健康造成危害。绿色环保木材用胶黏剂的使用将是装饰木材的发展趋势，下面介绍几种。

### 1. 木质素胶黏剂

木质素在胶黏剂中的应用有两种方式：

（1）木质素本身作为胶黏剂，存在很多弊端：如热压时间长、热压温度和酸度高、产品为黑色并且物理和力学性能很低及耐水性低等。

（2）木质素与其他原料混合对树脂进行改性从而制得胶黏剂。

现在国内外对于木质素胶黏剂的研究大都集中在木质素—酚醛（LPF）树脂胶黏剂，木质素—脲醛（LUF）树脂胶黏剂，木质素—三聚氰胺甲醛（LMF）树脂胶黏剂，木质素—聚氨酯（LPU）胶黏剂以及木质素在环保木材胶黏剂中的应用。

开发木质素胶黏剂，首先要解决其活性问题，即将木质素由大分子量的高聚物分解成一系列含有羟基、芳香环结构的小分子量混合物，以提高其羟基，尤其是活性高的醇羟基和酚羟基的含量，进而增加木质素的反应活性；其次，在活化木质素的同时，进一步探讨其反应机理；最后，加大开发利用木质素及其多种类型的衍生物与淀粉、蛋白质等可再生生物质资源，制备环保性胶黏剂的力度。

### 2. 淀粉基木材胶黏剂

早期的淀粉基木材胶黏剂研究是将淀粉在强烈的反应条件下转化为低分子物质，来充当酚醛胶的填料。而目前的发展趋势是既要考虑充分利用淀粉的大分子特性，避免过度降解，又要能够向淀粉链中引入足够的均匀分布的化学键，使其与氢键的弱化学作用力有效配合，达到木材胶黏剂耐水的要求。

传统的淀粉基木材胶黏剂耐水性能差、胶接强度低，而被局限于纺织业、造纸业、包装纸箱、瓦楞纸板等工业生产上使用，用于木材加工工业的则极为少见。随着对淀粉理化特性认识越来越清楚，淀粉作为胶黏剂的很多弱点通过改性得到了有效的改善。利用这一廉价、可再生的天然高分子材料开发价格、性能、环保诸方面均达到要求的新型木材胶黏剂指日可待。

### 3. 生物技术胶黏剂

利用漆酶的催化作用，使木材中木质素上的酚羟基氧化成酚氧自由基，所生成的自由基发生耦合，产生高分子质量、无定形的脱氢聚合物。利用这一反应，可以提高木材自身的胶合力，不加任何合成胶黏剂，即可制造纤维板和刨花板。该方法的另一个应用是用漆酶处理木质素磺酸盐，用于纤维板、木材、纸张的黏结。

生物酵母蛋白作为木材工业胶黏剂的原料也是方向之一，用生物工程制得的产物作为胶黏剂原料，可完全摆脱化工原料的紧张局面，制造时具有自身培育、发酵、合成、使用等特点。

## 四、绿色环保代木材料

从广义上来说，各类纤维板、合成板以及包括“以塑代木”“以纸代木”“以竹代木”在内的各种材料都可以归入代木材料。具体可以大致分为：

（1）木质类。包括目前通用的各类纤维板、刨花板、胶合板以及用木材废料和纤维制成的各种产品。

（2）非木质类。这一类材料主要以竹类、芦苇、麻秆以及各种草本植物秸秆为基础原料，再加工为各种代木制品，如竹胶板、稻秸板等。

（3）纸质类。这一类材料以纸浆或纸板为原料制成各种产品，主要用于各类物品的包装，如瓦楞纸板、纸模制品等。

（4）可降解塑料类。塑料的加工工艺和实用性能都有着天然材料无可比拟的优势，不过目前较少会使用。

（5）复合类。复合类材料是指用几种不同质原料通过特殊工艺合成的材料。从原料、工艺、生产、使用以及成本、价格分析，应该说它可能成为代木材料的主力军和发展方向，例如木塑/塑木复合型材。

植物纤维与高分子材料复合型材又称“木塑”型材，是以废旧塑料、木粉为原料加工制作的一种用途广泛的复合材料。它以植物纤维为主，兼具木材、塑料双重优点及其功能，是可逆循环利用的木质重组产品。它具有实木的特性，但同时具有防水、防蛀、防腐、保温隔热等特点，由于添加了光与热稳定剂、抗紫外线和低温耐冲击等改性剂，使产品具有很强的耐候性、耐老化性和抗紫外线性能，可长期使用在室内、室外、干燥、潮湿等恶劣环境中，不会产生变质、发霉、开裂、脆化。此外，它还具有突出的环保功能，几乎不含对人体有害的物质和毒气挥发，经有关部门检测，其甲醛的释放只有 0.3mg/L，大大低于国家标准，是一种真正意义上的绿色合成材料。

木塑复合型材的加工原理是将废旧塑料和无使用价值的植物纤维按一定比例混合，并添加特制的助剂，经高温、挤压、成型等工艺制成一定形状的型材。木塑型材的物理机械性能与硬木相当，可二次加工，可锯、可刨、可钉、可热融黏结；制作的各种产品外形美观，并可 100%回收再利用，重复使用率高，是木材的理想替代品之一。

纸渣复合环保型材是利用造纸废渣包括木浆、竹浆、芦苇、麦草等纤维浆渣以及废纸纸渣生产的高强度新型复合环保型材。该型材以造纸厂废弃浆渣、污泥为主要原料，添加适量的辅料和专用黏合剂，经特殊工艺处理后，在高温高压下模压成型。该型材达到了刚度和柔性的和谐统一，还可添加防水剂、防蛀剂、阻燃剂等助剂，增加产品的多项综合性能。其良好的性能完全可以代替天然木板和纤维板，具有密度高、强度大、防虫防蛀、隔音、防潮、无毒无害、形式多样、价格低廉的特点，可广泛用于建筑建材、装饰装潢、码头装运以及集装箱运输等领域。

# 第八章　绿色施工管理

自改革开放以来，我国的发展主要依靠粗放型经济的发展，造成了大量能源的浪费。许多资源总量迅速下降，甚至有的已趋于贫瘠。作为国民经济支柱产业的工程建设行业占用了大量资源，其资源利用情况直接影响着我国总体资源利用情况。据统计调查，我国工程建设资源利用率和发达国家相比非常低，尚有极大的提升和改进空间。

此外，长期以来，我国的建筑垃圾再利用没有引起很大重视，通常是未经任何处理就被运到郊外或农村，采用露天堆放或填埋的方式进行处理。随着我国城镇建设的蓬勃发展，建筑垃圾的产生量也与日俱增。目前，我国每年的建筑垃圾数量已在城市垃圾总量中占有很大比例，成为废物管理中的难题。有的人戏剧性地说在过几十年我国就会被钢筋混凝土堆满。有数据表明，我国建筑废弃物资源化率不足 5%，而欧盟国家每年资源化率超过 90%，韩国、日本建筑废弃物资源化率已经达到 97%以上。

事实表明，由于工程技术和施工管理方面的原因，工程建设已造成了严重的环境污染。在这样的大背景下，我国的建筑工程也正在向着绿色环保理念发展，建筑工程的绿色施工管理应运而生。2007 年 9 月建设部颁布了《绿色施工导则》，对绿色施工做出了明确的规定。然而真正能落实绿色施工的企业寥寥无几，施工现场的资源消耗、环境污染、建筑垃圾等现象让人触目惊心。绿色施工严重存在着动员不够、管理不够、监管不够等问题，亟待进一步完善和加强绿色施工管理。

## 第一节　绿色施工管理概述

### 一、绿色施工管理的现状和问题

客观上讲，绿色施工在我国尚处于起步阶段，大部分企业仅仅关注的表层上绿色施工，如降低施工噪音、减少施工扰民、减少环境污染等，对绿色施工的理解不全面、不完整，对绿色施工技术也是被动接受，仍以传统的思维模式和规范的施工方式进行施工，不能系统地运用适当的技术和科学的管理方式进行绿色施工全过程管理，更不用说企业把绿色施工能力作为企业的竞争力和发展方向。

影响绿色施工管理的主要因素有：

### 1. 环境保护意识的缺乏和淡薄

在建筑施工管理过程当中，管理人员自身缺乏应有的环保意识，对绿色施工概念理解单一，对传统的一些不良做法已习以为常。再加上从事一线施工的工人大多科学文化素质较低，根本就不具备绿色施工的理念，他们对环境保护、资源消耗、能源节约等缺乏意识，甚至没有概念，这些都给绿色施工管理工作的开展带来极大的阻力。

### 2. 企业经济利益驱动

由于绿色施工往往存在选材范围小、成本高（绿色建材），先期投入大，政府没有相应的要求和补贴等原因，施工企业都不会主动实施绿色施工，其结果必然是绿色施工说的多做的少。

另外，建筑施工企业在施工过程当中为了最大限度地降低成本，增加经济效益，往往都会以牺牲环境效益来获得经济效益，因此，施工企业自身来说对于绿色施工缺乏足够的积极性。这就导致企业当中缺乏专业的绿色施工管理人才，相应的资金投入也不到位，这些都严重地阻碍了绿色施工的顺利开展。

### 3. 技术落后

由于我国施工企业普遍存在人员素质整体不高、企业管理水平较低的现象，企业对可持续发展缺乏重视、意识淡薄，仍采用传统的落后的施工工艺和设备，对成熟的新技术、新产品、新工艺用得不够。

在企业管理中存在不规范、不科学、随意性大等问题，缺乏系统而全面的可持续发展的企业管理、企业制度、绿色施工等问题的研究。另外，在企业结构上，中小型企业偏多，这在某种程度上也限制了可持续技术的研发和推广应用。

### 4. 体制机制不够健全

由于关于绿色施工的规定仅仅停留在政府倡导的阶段，绿色施工标准对于施工方还未形成明显的压力。作为对施工工地的处罚主体，国家没有健全的、具体的量化性依据，如缺乏建造过程的资源能源消耗和废弃物排放定额等，城管部门很难依照绿色施工的“标准”要求施工企业。现阶段，施工工地检查存在“多头执法”的问题，城管部门对施工工地享有 30 多项处罚权，但是最终决定施工项目的审批权属于建委部门，城管对施工企业的约束力大打折扣。

市场主体各方对绿色施工的认知尚存在较多误区，往往把绿色施工等同于文明施工，政府、投资方及承包商各方尚未形成“责任清晰、目标明确、考核便捷”的政党、法规和评价及实施标准规范，因而绿色施工难能落实到位。政府相关部门在施工现场管理中，更多地是关注文明施工和施工安全。部分业主单位虽然在施工招标中，要求企业通过 ISO 14001 环保认证，但并没要求施工企业把绿色施工的技术与管理纳入施工的全过程。

## 二、绿色施工管理的必要性

建筑业是国民经济的支柱产业，近年来建筑业创造了较高的增长速度。基本建设在国民经济中具有十分重要的作用，它是发展社会生产力、推动国民经济、满足人民日益增长的物质文化需求以及增强综合国力的重要手段。同时通过基本建设还可以调整社会的产业结构，合理配置社会生产力。

为了推动建筑业的可持续发展，在保证良好环境秩序的前提下发展社会生产力水平，工程施工现场实施绿色施工势在必行。从以下几个方面来分析建设工程实施绿色施工管理的重要意义。

### 1. 带动城市良性发展

要想实现整体提升城市面貌与形象，提升城市的整体形象，除了提升必要的软环境外，必须通过有效措施提升城市的硬环境。这其中就要求在施工程过有效落实绿色施工，保障好城市的硬环境良好秩序。

工程建设过程中对城市硬环境的影响主要表现在施工扬尘、施工噪音以及施工期对施工段局部生态环境暂时的影响。施工过程开挖路面，压占土地、植被和道路，局部生态环境受到影响。水土流失加重，施工过程的施工噪声、地面扬尘和固体废弃物对局部生态环境也有一定影响。

环境与经济发展是相互促进、相互反作用的。一方面基本建设带动社会生产力，发展经济；另一方面，环境建设会对经济发展起到反作用，如果环境建设保护工作得到落实贯彻，那将反而会促进经济发展。比如一个开发区的环境建设好了，那一定会吸引更多的投资。开发区目前正是发展阶段，基本建设大力推动经济发展，但如果人们一味强调建设而忽略环境建设保护，那将会得不偿失。总的来说，规范好开发区建设工程实施绿色施工，有利于保障开发区环境，有利于招商引资和建设宜居城市。因此，建设工程施工是否有效落实绿色施工对于经济发展与城市发展起到了不可忽视的作用。

### 2．推动建筑业企业可持续发展

绿色施工是企业转变发展观念、提高综合效益的重要手段。绿色施工的实施主体是企业。首先，绿色施工是在向技术、管理和节约要效益。绿色施工在规划管理阶段要编制绿色施工方案，方案包括环境保护、节能、节地、节水、节材的措施，这些措施都将直接为工程建设节约成本。建筑业企业在工程建设过程中，注重环境保护，势必树立良好的社会形象，也派生了社会效益、环境效益，最终形成企业的综合效益。

其次，环境效益是可以转化为经济效益的，建筑业企业在工程建设过程中，注重环境保护，势必树立良好的社会形象，进而形成潜在效益。比如在环境保护方面，如果扬尘、噪音、振动、光污染、水污染、土壤保护、建筑垃圾、地下设施文物和资源保护等控制措施到位，将有效改善建筑施工脏、乱、差、闹的社会形象。企业树立自身良好形象有利于取得社会支持，保证工程建设各项工作的顺利进行，乃至获得市场青睐。

### 3．社会意义

绿色施工不管是在环境保护还是资源利用方面的作用都是全国乃至全球性的。一方面资源和环保本身就具有整体性；另一方面工程建设涉及范围广，总量大，对整体影响也就非常大。

我国一直提倡走可持续发展的道路，也一直在坚持走这条路，不仅在经济发展方面，也推广到了建筑工程的施工管理上，绿色施工管理应运而生，绿色施工管理方式代表了我国建筑工程未来的发展趋势和发展方向。当前，提倡重经济发展的质量，而不是速度，经济应该“又好又快”发展。建筑业也不例外，由于建筑业现在面临着资源越来越紧缺的局面，所以，更应该坚持走绿色施工管理的道路，以适当缓解我国建筑业现在面临的资源匮乏和环境破坏的问题。在绿色施工管理理念的指导下，通过技术的改革创新，可以有效减少污染，提高资源的利用率，实现人与自然的和谐，空间与环境的和谐。

## 三、绿色施工管理的可实践性

从我国目前的情况来看绿色施工管理是可以推行的，不管是在技术上还是管理方面都有所准备。

（1）2007 年建设部颁布了《绿色施工导则》（建质[2007]223 号），从总则，绿色施工原则，绿色施工总体框架，绿色施工要点，发展绿色施工的新技术、新设备、新材料、新工艺，绿色施工应用示范工程六个方面全面阐述了绿色施工。在节能、节地、节水、节材和环境保护方面给出了具体施工技术措施。

（2）2008 年北京市建委会发布《绿色施工管理规程》的通知，具体从建设单位、监理单位、施工单位在绿色施工管理中的职责，资源节约、环境保护、职业健康与安全等方面的管理要求出发对绿色施工管理给予技术指导和法律保证。

（3）我国“十二五”规划再次提出可持续发展战略计划，加快建设资源节约型、环境友好型社会，提高生态文明水平。面对日趋强化的资源环境约束，必须增强危机意识，树立绿色、低碳发展理念，以节能减排为重点，健全激励和约束机制，加快构建资源节约、环境友好的生产方式和消费模式，增强可持续发展能力，是绿色施工管理纲领性文件。

（4）住房和城乡建设部于 2011 年 8 月正式公布《建筑业发展“十二五”规划》，这是针对建筑业制定的发展规划。内容包括工程勘察设计、建设监理、工程造价等行业以及政府对建筑市场、工程质量安全、工程标准定额等方面的监督管理工作。其中明确提出建筑要实行节能减排，在建筑行业提出了绿色施工管理的要求。

（5）部分法律法规已经出台，建立健全了绿色施工管理施工图审查、质量监督、质量检测、竣工验收备案、质量保修、质量保险、质量评价等工程质量法规制度。比如建设单位应向施工单位提供建设工程绿色施工的相关资料，保证资料的真实性和完整性。施工现场应制定节能措施，提高能源利用率，对能源消耗量大的工艺必须制定专项降耗措施。

综合来看，建设工程实施绿色施工管理不仅有重要意义还是可行的。通过强力推行绿色施工管理，制定绿色施工的强有力正负激励措施，引导建筑企业主动落实绿色施工，广泛推进绿色施工的管理、技术和政策法规的系统研究，促进建筑行业绿色水平提高。

## 第二节　绿色施工管理的内涵和目标

### 一、绿色施工管理的概念和内涵

我们这里讲的绿色施工管理实际上包含着两层意思，分别是绿色施工和对绿色施工的管理。

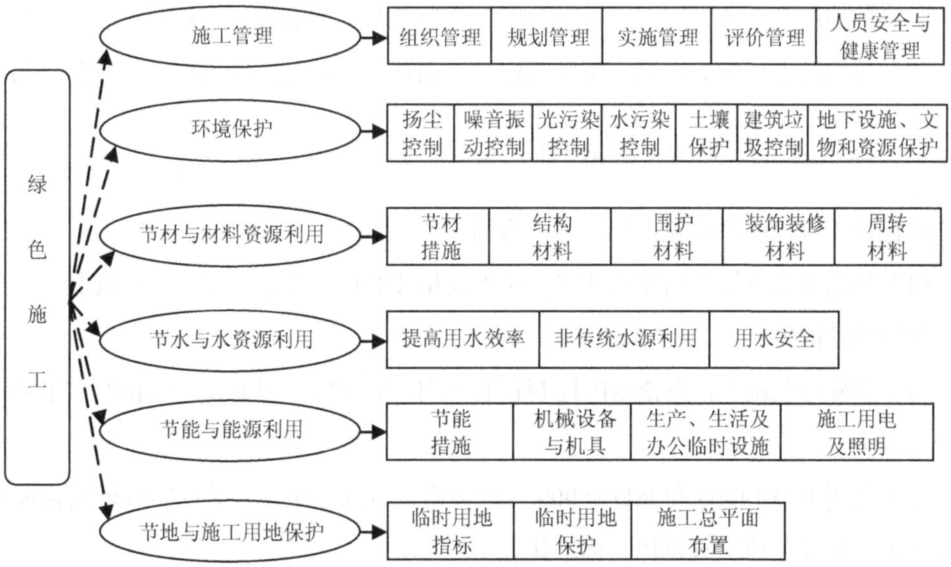


图 8-1　绿色施工的总体框架

绿色施工是指工程建设中，在保证质量、安全等基本要求的前提下，通过科学管理和技术进步，最大限度地节约资源与减少对环境负面影响的施工活动，实现“四节一环保”：节能、节地、节水、节材和环境保护。《绿色施工导则》作为绿色施工的指导性原则，明确提出绿色施工的总体框架（见图 8-1）。由施工管理、环境保护、节材与材料资源利用、节水与水资源利用、节能与能源利用、节地与施工用地保护六个方面组成。绿色施工不再只是传统施工过程所要求的质量优良、安全保障、施工文明、企业形象等，也不再是被动地去适应传统施工技术的要求，而是要从生产的全过程出发，依据“四节一环保”的理念，去统筹规划施工全过程，改革传统施工工艺，改进传统管理思路，在保证质量和安全的前提下，努力实现施工过程中降耗、增效和环保效果的最大化。

绿色施工管理主要包括组织管理、规划管理、实施管理、评价管理和人员安全与健康管理五个方面。绿色施工管理要求建立绿色施工管理体系，并制定相应的管理制度与目标，对整个施工过程实施动态管理，加强对施工策划、施工准备、材料采购、现场施工、工程验收等各阶段的管理和监督。

绿色施工管理是可持续发展思想在施工管理中的应用体现，是绿色施工管理技术的综合应用。绿色施工管理技术并不是独立于传统施工管理技术的全新技术，而是用可持续的眼光对传统施工管理技术的重新审视，是符合可持续发展战略的施工管理技术。绿色施工管理的核心是通过切实可行有效的管理制度和工作制度，最大限度地减少施工管理活动对环境的不利影响，减少资源与能源的消耗，实现可持续发展的施工管理技术。

## 二、绿色施工管理的原则和内容

绿色施工管理的原则包含以下几个方面：

（1）绿色施工应符合国家的法律、法规及相关的标准规范，实现经济效益、社会效益和环境效益的统一。

（2）实施绿色施工，应依据因地制宜的原则，贯彻执行国家、行业和地方相关的技术经济政策。

（3）运用 ISO 14000 和 ISO 18000 管理体系，将绿色施工有关内容分解到管理体系目标中去，使绿色施工规范化、标准化。

（4）绿色施工贯穿工程项目建设整个过程，应对项目立项，规划，拆迁，设计，施工策划、材料采购、现场施工、工程验收等各阶段进行控制，加强对整个施工过程的管理和监督。

（5）鼓励各地区开展绿色施工的政策与技术研究，发展绿色施工的新技术、新设备、新材料与新工艺，推行应用示范工程。

根据《绿色施工导则》的规定，现对绿色施工管理的主要内容详细介绍。

## 1. 组织管理

（1）建立绿色施工管理体系，并制定相应的管理制度与目标。

（2）项目经理为绿色施工第一责任人，负责绿色施工的组织实施及目标实现，并指定绿色施工管理人员和监督人员。

## 2. 规划管理

（1）编制绿色施工方案。该方案应在施工组织设计中独立成章，并按有关规定进行审批。

（2）绿色施工方案应包括：

1）环境保护措施，制定环境管理计划及应急救援预案，采取有效措施，降低环境负荷，保护地下设施和文物等资源。

2）节材措施，在保证工程安全与质量的前提下，制订节材措施。如进行施工方案的节材优化，建筑垃圾减量化，尽量利用可循环材料等。

3）节水措施，根据工程所在地的水资源状况，制订节水措施。

4）节能措施，进行施工节能策划，确定目标，制订节能措施。

5）节地与施工用地保护措施，制定临时用地指标、施工总平面布置规划及临时用地节地措施等。

## 3. 实施管理

（1）绿色施工应对整个施工过程实施动态管理，加强对施工策划、施工准备、材料采购、现场施工、工程验收等各阶段的管理和监督。

（2）应结合工程项目的特点，有针对性地对绿色施工作相应的宣传，通过宣传营造绿色施工的氛围。

（3）定期对职工进行绿色施工知识培训，增强职工绿色施工意识。

## 4. 评价管理

（1）对照本导则的指标体系，结合工程特点，对绿色施工的效果及采用的新技术、新设备、新材料与新工艺，进行自评估。

（2）成立专家评估小组，对绿色施工方案、实施过程至项目竣工，进行综合评估。

### 5. 人员安全与健康管理

（1）制订施工防尘、防毒、防辐射等职业危害的措施，保障施工人员的长期职业健康。

（2）合理布置施工场地，保护生活及办公区不受施工活动的有害影响。施工现场建立卫生急救、保健防疫制度，在安全事故和疾病疫情出现时提供及时救助。

（3）提供卫生、健康的工作与生活环境，加强对施工人员的住宿、膳食、饮用水等生活与环境卫生等管理，明显改善施工人员的生活条件。

（4）施工现场要协调连续：不混乱，节奏适宜。

（5）工作人员不仅要身体健康还要心理健康，要实行人性化管理，让员工要有归属感、自豪感，身心愉悦。

## 三、绿色施工管理的环境控制指标

### 1. 扬尘

在施工过程中，扬尘的处理是重中之重。目前市面上有许多测扬尘的仪器，例如粉尘仪、扬尘监测仪、扬尘监测系统等。其中最好的是扬尘监测仪，它是专门测定扬尘浓度的仪器，误差较小。基于建筑施工过程中的扬尘的特性，在选择仪器时规定测量仪器的误差应≤±10%；总粉尘质量浓度测量范围：0～1 000 mg/$m^3$。

国家环境质量标准规定，居住区日平均质量浓度应低于 0.3 mg/$m^3$，年平均质量浓度应低于 0.2 mg/$m^3$。根据《绿色施工导则》，土方作业阶段，采取洒水、覆盖等措施，达到作业区目测扬尘高度小于 1.5m，不扩散到场区外。在结构施工、安装装饰装修阶段，作业区目测扬尘高度小于 0.5m。在场界四周隔挡高度位置测得的大气总悬浮颗粒物月平均质量浓度与城市背景值的差值不大于 0.08 mg/$m^3$。因此，在施工过程中扬尘含量区间应控制在 0～0.38 mg/$m^3$。

### 2. 噪声

施工单位应按《建筑施工场界环境噪声排放标准》（GB 12523—2011）的要求制订

降噪措施。在城市建筑施工作业期间，要测量由建筑施工场地产生的噪声，建筑施工场地噪声限值白天为70dB，夜间为55 dB。一般情况时不允许夜间施工，如果施工则不能超过执行限值的15 dB。

对噪声进行测量时，按照《建筑施工场界环境噪声排放标准》(GB 12523—2011)，测量仪器选用积分声级计和噪声统计分析仪。测点位置的摆放则按照一般规定是悬在建筑施工场界外1m，高度1.2m以上，但是在测量场界有围墙且周围有受影响的噪声敏感建筑物时，测点应选在场界外1m，高于围墙0.5m以上，如果噪声源外边界离敏感建筑物之间的距离小于1m时，在建筑物内部进行测量。在施工现场进行噪声测量时一般会受到其他噪声的干扰，即受背景噪声影响，需要要对测量值进行修正。

### 3. 光线

工地夜间实施场地平面照明或深基坑照明，其灯光照射的水平面应下斜，按照灯源高度及最近居民区之间的水平距离，计算出灯光的斜照角度，使其灯光边缘低于第一层窗沿高度，如果不能满足其要求，至少应满足下斜角度≥20°。

在楼层内施工作业面实施照明，其灯光照射的水平面应下斜，尽量使灯光的光线不要照出窗外，一般情况下，下斜角度应≥30°。当以上测量值超过规定范围时需要采取降低光污染的措施。

## 四、绿色施工管理的可持续发展目标

《绿色施工导则》强调了绿色施工应符合国家的法律、法规及相关的标准规范，实现经济效益、社会效益和环境效益的统一。同时，《绿色施工导则》指出绿色施工的原则之一是：绿色施工是建筑全寿命周期中的一个重要阶段，实施绿色施工，应进行总体方案优化。

在规划、设计阶段，应充分考虑绿色施工的总体要求，为绿色施工提供基础条件。由此可见，绿色施工的管理目标比精益建造的管理目标，无论从深度还是广度都有所增加，基于可持续发展的绿色施工的管理延伸至项目的全寿命周期，以及拓展至社会问题与环境问题。

因此，绿色施工的执行改变了传统项目的管理目标。精益建造的管理目标是成本最小化和利润最大化，在一定程度上可以理解为项目的经济目标。在可持续发展理念下的绿色施工，不仅仅关注项目的经济目标，同时还关注建设项目的环境目标和社会目标，关注项目全寿命周期的协调发展。项目的环境影响和社会影响具有一定的外部性，表现为项目对环境和社会的损害，不由项目本身来承担后果，为了追求项目的目标，精益建造一定程度上以损害环境为代价来追求项目自身的经济效益，而绿色施工则是以经济、环境和社会三大目标为项目的管理目标，通过三大目标来实现项目可持续性。

其中，经济目标主要是减少前期成本，节约资源，降低项目建成后的运营成本和获得一个高性能运行的项目；环境目标主要是减少资源消耗，消灭浪费，防止污染和保护资源；社会目标主要是安全生产，职业健康，和睦的社区关系，利益相关者之间的互相信任和提高对外的整体形象。

虽然绿色施工管理在我国处于起步阶段，但未来的可持续发展需求是不可逆转的。可持续发展的理念带给了建筑业在价值观、发展观上的一些深层次的转变，表现为建设项目从单纯地追求利润最大化向追求项目长远效益和对社会的贡献、对环境的影响的转化，而绿色施工的实施就是立足于利益相关者，最大限度地协调好项目的开发与自然、社会的关系。

## 第三节　绿色施工管理的措施

科学管理与施工技术的进步是实现绿色施工的唯一途径。建立健全绿色施工管理体系、制定严格的管理制度和措施、责任职责层层分配、实施动态管理、建立绿色施工评价体系是绿色施工管理的基础和核心；制订切实可行的绿色施工技术措施则是绿色施工管理的保障和手段。两者相辅相成，缺一不可。

### 一、组织管理

组织管理是绿色施工管理的基础。绿色施工是复杂的系统工程，它涉及设计单位、建设单位、施工企业和监理企业等，因此，要真正实现绿色施工就必须把涉及工程建设的方方面面、各个环节的人员统筹起来，建立以项目部为交叉点的横纵两个方向的绿色施工管理体系。施工企业以企业、项目部、施工公司形成纵向的管理体系和以建设单位为牵头单位、由设计院、施工方、监理方参加的横向管理体系。只有这样才能把工程建设过程中不同组织、不同层次的人员都纳入绿色施工管理体系中，实现全员、全过程、全方位、全层次的管理模式。

施工企业是绿色施工的主体，是实现绿色施工的关键和核心。加强绿色施工的宣传和培训，建立纵向管理体系，成立绿色施工管理机构，制定企业绿色施工管理制度是企业实现绿色施工管理的基础和重要环节。

（1）加强绿色施工理念的宣传和培训，引导企业职工对绿色施工的认识。加强对技术和管理人员以及一线技术人员的分类培训，通过培训使企业职工能正确全面理解绿色施工，充分认识绿色施工的重要性和熟悉掌握绿色施工的要求、原则、方法，增强推行绿色施工的责任感和紧迫感，尽早保障绿色施工的实施效率。

在宣传绿色施工和节能环保意识的同时，相关工作人员应提高自身意识及专业技能，确保从事施工的一线工作人员具有专业的技能和深刻的环保意识，确保我国建筑工程的绿色施工管理的不断发展。

（2）制定企业绿色施工管理制度。依据《绿色施工导则》和 ISO 14001 环保认证要求，结合企业自身特点和工程施工特点，系统考虑质量、环境、安全和成本之间的相互关系和影响，制定企业绿色施工的管理制度，并建立以项目经理为首的绿色施工绩效考核制度，形成企业自身绿色施工管理标准及实施指南。

（3）成立企业和项目部绿色施工管理机构，指定绿色施工管理人员和监督人员，明确各级管理人员职责，严格按照企业制度进行管理。建立绿色施工评价指标体系。考虑各施工阶段、影响因素的重要性程度，参照相关绿色施工评价体系，制定企业自身单位工程绿色施工评价方法与评价体系。

（4）加强横向管理体系的监管，确保绿色施工管理真正落实。政府要在坚持科学合理和可持续发展的理念下对建筑项目进行审批。提高绿色环保的建筑项目审批通过率，减少高能耗、高污染项目审批通过率。建设单位应向设计、施工单位明确绿色建筑设计及绿色施工的具体要求；设计单位应在材料选用等参照绿色建筑的设计标准和要求，主动向施工单位作整体设计交底；监理单位应对建设工程的绿色施工管理承担监督责任，审查总体方案中的绿色施工方案及具体施工措施。

（5）建立项目内外沟通交流机制。绿色施工管理体系应建立良好的内部和外部沟通交流机制，使得来自项目外部的相关政策，项目内部绿色施工实施执行的情况和遇到的主要问题等信息能够有效传递。

## 二、规划管理

规划管理主要是指编制执行总体方案和独立成章的绿色施工方案，实质是对实施过程进行控制，以达到设计所要求的绿色施工目标。

### 1. 总体方案编制实施

建设项目总体方案的优劣直接影响到管理实施的效果，要实现绿色施工的目标，就必须将绿色施工的思想体现到总体方案中去。同时，根据建筑项目的特点，在进行方案编制时，应该考虑各参建单位的因素：

（1）建设单位应向设计、施工单位提供建设工程绿色施工的相关资料，并保证资料的真实性和完整性；同时应组织协调参建各方的绿色施工管理等工作。

（2）设计单位应根据建筑工程设计和施工的内在联系，按照建设单位的要求，将土建、装修、机电设备安装及市政设施等专业进行综合，使建筑工程设计和各专业施工形成一个有机统一的整体，便于施工单位统筹规划，合理组织一体化施工。同时，在开工前设计单位要向施工单位作整体工程设计交底，明确设计意图和整体目标。

（3）监理单位应对建设工程的绿色施工管理承担监理责任，审查总体方案中的绿色专项施工方案及具体施工技术措施，并在实施过程中做好监督检查工作。

（4）实行施工总承包的建设工程，总承包单位应对施工现场绿色施工负总责，分包单位应服从总承包单位的绿色施工管理，并对所承包工程的绿色施工负责。实行代建制管理的，各分包单位应对管理公司负责。

### 2. 绿色施工方案编制实施

在总体方案中，绿色施工方案应独立成章，将总体方案中与绿色施工有关的内容进行细化。

（1）应以具体的数值明确项目所要达到的绿色施工具体目标，比如材料节约率及消耗量、资源节约量、施工现场环境保护控制水平等。

（2）根据总体方案，提出建设各阶段绿色施工控制要点。

（3）根据绿色施工控制要点，列出各阶段绿色施工具体保证实施措施，如节能措施、节水措施、节材措施、节地与施工用地保护措施及环境保护措施。

## 三、实施管理

实施管理是对绿色施工方案在整个施工过程中的策划、落实和控制，是实施绿色施工的重要环节，是绿色施工管理的关键。

（1）明确绿色施工控制要点。结合工程项目的特点，将绿色施工方案中的绿色施工控制要点进行有针对性的宣传和交底，营造绿色施工的氛围。

（2）目标分解。绿色施工目标包括绿色施工方案目标、绿色施工技术目标、绿色施工控制要点目标以及现场施工过程控制目标等，可以按照施工内容的不同分为几个阶段，将绿色施工策划目标的限值作为实际操作中的目标值进行控制。

（3）实施动态管理。在施工过程中收集各个阶段绿色施工控制的实测数据，并定期将实测数据与控制目标进行比较，出现问题时，应及时分析偏离原因，确定纠正措施，将控制贯穿到各阶段的管理和监督之中，逐步实现绿色施工管理目标。

（4）制订专项管理措施。根据绿色施工控制要点，制定各阶段绿色施工具体保证措施。

目前，大型企业都有自己绿色施工管理规程，但关键是落实。工程管理人员必须把绿色施工的各项要求落实到工地管理、工序管理、现场管理等各项管理中去。只有参与施工的各方都按绿色施工的要求去做，抓好绿色施工的每个环节，才能不断提高绿色施工的水平。

## 四、技术措施

技术措施是施工过程中的控制方法和技术措施，是绿色施工目标实现的技术保障。绿色施工技术措施的制定应结合工程特点、施工现场实际情况及施工企业的技术能力，措施应有的放矢、切实可行。

### 1. 结合“四节一环保”制定专项技术管理措施

将绿色施工技术要求融入工程施工工艺标准中，增加节材、节能、节水和节地的基本要求和具体措施。细化施工安全、保护环境的措施，满足绿色施工的要求。

（1）扬尘控制。

扬尘是影响大气环境的首要因素，针对扬尘产生的原因，在施工现场要建立洒水清扫制度，配备洒水设备，并设专人负责。在工程施工中如果混凝土工程量过大，混凝土累计用量超过 100m$^3$ 时必须使用预拌混凝土或在施工现场搅拌混凝土，建立的搅拌站应封闭起来，并使用密封的散装水泥，配置降尘装置以减少扬尘。

构筑物机械拆除前，做好扬尘控制计划。可采取清理积尘、拆除体洒水、设置隔挡等措施。构筑物爆破拆除前，做好扬尘控制计划。可采用清理积尘、淋湿地面、预湿墙体、楼面蓄水、建筑外设高压喷雾状水系统、搭设防尘排栅和直升机投水弹等措施综合降尘。

可通过植树绿化和美化等措施来减少扬尘，遇到有 4 级以上的大风天气，不得进行土方回填、转运以及其他可能产生扬尘污染的施工。施工现场设立垃圾站，及时分拣、回收、清运现场垃圾站，高层建筑可搭设封闭式临时专用垃圾或者采用容器调运。

（2）噪声控制。

建筑施工噪声主要来源于建筑施工中的建筑机械和运输车辆，建筑施工噪声发生在施工期间，其特点是时间集中，位置多变。其防治措施包括：加强环境宣传，扩大公众影响；从严审批夜间施工；选用低噪音设备和机械，对噪音进行监测等。

从噪声的传播路径上降低噪声。对产生噪声的设备采用消声、隔振和减振措施，采取遮挡、封闭、绿化带等手段。应对噪声源的重点设施、设备采取合理安排布局，加强设备润滑和维护保养等有效措施，并制定执行相应作业指导书和设备操作规程。

（3）光污染控制。

在施工现场会有用到很多的照明器具，尤其是夜晚施工，会给其他居民的正常生活带来影响。因此在钢筋、钢结构材料的加工、电焊时应采取遮挡措施，避免强光外泄；尽量不安排夜间电焊施工，必须进行电焊夜间作业时，焊接区附近设遮光屏障。进出运输材料车辆一律不允许开大灯。

（4）水污染控制。

施工现场污水排放应达到《污水综合排放标准》（GB 8978—1996）的要求。在施工现场应针对不同的污水，设置相应的处理设施，如沉淀池、隔油池、化粪池等。污水排放应进行废水水质检测，提供相应的污水检测报告。采用隔水性小号的边坡支护技术保护地下水环境；为了避免地下水被污染，当基坑开挖抽水量较大时，应进行地下水回灌。对于化学品等有毒材料、油料的储存地，应有严格的隔水层设计，做好渗漏液收集和处理。

（5）土壤保护。

要注意保护地表环境，防止土壤侵蚀、流失。因施工造成的裸土，及时覆盖砂石或种植速生草种，以减少土壤侵蚀；因施工造成容易发生地表径流土壤流失的情况，应采取设置地表排水系统、稳定斜坡、植被覆盖等措施，减少土壤流失。施工后应恢复施工活动破坏的植被，开发地区种植当地或其他合适的植物，以恢复剩余空地地貌或科学绿化。对于有毒有害废弃物如电池、墨盒、油漆、涂料等应回收后处理，不能作为建筑垃圾外运，避免污染土壤和地下水。

（6）建筑垃圾处理。

通过优化施工等方法，将建筑垃圾消灭在生产过程中或尽量减少垃圾的生产。对施工过程中的建筑垃圾要回收再利用，提高建筑垃圾的回收率。例如建筑垃圾中的废旧金属，清理后经重新回炉，仍可以再加工制造成各种规格的钢材。砖、石、混凝土等废料经破碎后，可以继续用于施工生产，如用于砌筑砂浆、混凝土垫层等。在建筑施工场地工作区安装封闭式的垃圾桶，生活垃圾必须做到袋装处理，并定时运出。同时对施工废弃物采取分类，汇集到施工场地的废物站再运到垃圾处理厂。

（7）节材与材料资源利用。

对施工工艺进行改进，减少不必要的材料消耗，尽可能回收利用施工过程中产生的建筑废弃物；对施工材料进行科学管理，施工材料的选择既要符合绿色原则，又要尽可能地节约材料。根据施工进度、库存情况等合理安排材料的采购、进场时间和批次，减少库存。应就地取材，施工现场 500 km 以内生产的建筑材料用量占建筑材料总重量的70%以上。在施工时要注重施工质量，好的施工质量能延长建筑物的使用年限。

推广使用预拌混凝土和商品砂浆，优化钢结构制作和安装方法，门窗采用密封性、保温隔热性能、隔音性能良好的装饰装修材料。优先选用制作、安装、拆除一体化的专业队伍进行模板工程施工。

（8）节水与水资源利用。

施工中采用先进的节水施工工艺，安装节水型小流量的设备和器具，减少施工期间的用水量；在现场设置雨水、污水收集、沉淀处理池，经过处理的雨水、污水用于冲洗车辆、降尘、灌溉等；有效利用基础施工阶段的地下降水；施工现场分别对生活用水与工程用水确定用水定额指标，并分别计量管理。在非传统水源和现场循环再利用水的使用过程中，应制定有效的水质检测与卫生保障措施，确保避免对人体健康、工程质量以及周围环境产生不良影响。

（9）节能和能源利用。

在进行工艺和设备选型时，优先采用成熟、能源消耗低的工艺设备。对设备进行定期维修、保养、保证设备运转正常，保持低耗、高效的状态，合理安排工序，提高各种机械的使用率和满载率，降低各种设备的单位耗能。对现有的能耗大的工艺及设备逐步替代、淘汰。在施工机械及工地办公室的电器等闲置时及时关掉电源。

临时设施宜采用节能材料，墙体、屋面使用隔热性能好的材料，减少夏天空调、冬天取暖设备的使用时间及耗能量。合理配置采暖、空调、风扇数量，规定使用时间，实行分段分时使用，节约用电。

### 2. 大力推广应用绿色施工新技术

企业要建立创新的激励机制，加大科技投入，大力推进绿色施工技术的开发和研究，要结合工程组织科技攻关，不断增强自主创新能力，推广应用新技术、新工艺、新材料、新设备。大型施工企业要逐步更新机械设备，发展施工图设计，把设计与施工紧密地结合起来，形成具有企业特色的专利技术。中小企业要积极引进、消化、应用先进技术和管理经验。

事实上，绿色施工新技术的应用与传统施工过程相比要经济得多。例如，采用逆做法施工高层深基坑；在桩基础工程中改锤击法施工为静压法施工，推行混凝土灌注桩等低噪音施工方法；使用高性能混凝土技术；采用大模板、滑模等新型模板以及新型墙体安装技术等。此外，通过减少对施工现场的破坏、土石方的挖运和材料的二次搬运，降低现场费用；通过监测耗水量，充分利用雨水或施工废水，节约用水；通过废料的重新利用，降低建筑垃圾处理费；通过科学设计和管理，降低材料费；通过健全劳动保护减少由于雇员健康问题支付的费用等。

### 3. 应用信息化技术

应用信息化技术来提高绿色施工管理的水平。发达国家绿色施工采取的有效方法之一是信息化施工，这是一种依靠动态参数实施定量、动态施工管理的绿色施工方式。施工中工作量是动态变化的，施工资源的投入也将随之变化。要适应这样的变化，必须采用信息化技术，依靠动态参数、实施定量、动态的施工管理，以最少的资源投入完成工程任务，达到高效、低耗、环保的目的。

# 参考文献


[1] 中国建筑材料工业规划研究院. 绿色建筑材料——发展与政策研究. 北京：中国建材工业出版社，2010.

[2] 金宗哲. 论中国的绿色建材. 中国建材，1998（2）.

[3] 邓艺，彭劲里. 绿色建材——21 世纪建材业的发展方向. 云南科技管理，2002（6）.

[4] 马晓霞. 绿色建材的发展研究. 应用科学，2008（1）.

[5] 张仁瑜，冷发光. 绿色建材发展现状及前景. 建筑科学，2006（6A）.

[6] 罗梦醒，刘艳涛，刘军. 绿色建材现状及发展趋势. 中国建材科技，2009（4）.

[7] 王少南. 绿色建材在国内外的发展动向. 新型建筑材料，1999（7）.

[8] 何京. 绿色建材在国外的发展动向. 建材发展导向，2004（1）.

[9] 周玉琴. 浅谈我国绿色建材的发展. 资源节约与环保，2006（5）.

[10] 陈胜利. 浅谈我国绿色建材的发展需求. 砖瓦，2003（6）.

[11] 张明清. 我国绿色建材发展现状及对策分析. 山西建筑，2008（15）.

[12] 王祎，王随林，王清勤，等. 国外绿色建筑评价分析. 建筑节能，2010（2）.

[13] 张凯峰，尚建丽，吴雄. 建筑材料绿色度评价方法的研究进展. 材料导报，2012（20）.

[14] 王红芬，崔宁，张伟. 绿色建材 LCA 评价体系与方法. 中国建材科技，2007（4）.

[15] 张艳. 绿色建材的“绿色度”评价研究. 建材世界，2010（3）.

[16] 黄书谋. 绿色建材定义. 中华建筑报，2003-07-25.

[17] 马眷荣，同继锋，赵平，等. 绿色建材评价、认证技术的研究进展. 生态城市与绿色建筑，2011（2）.

[18] 杨勇，沈彩蝶. 绿色建材评价技术. 建筑新技术研讨会论文集. 2005.

[19] 董从. 浅谈推行绿色住宅存在问题及发展对策. 建筑节能，2013（1）.

[20] 孙郁瑶. 撬动万亿市场　绿色建材或进强势推广期. 中国工业报，2013-02-05.

[21] 赵平，同继锋，马眷荣. 我国绿色建材产品的评价指标体系和评价方法. 建筑科学，2007（4）.

[22] 史春树. 绿色水泥不是零碳而是负碳. 绿经济，2012（2-3）：69-72.

[23] 王洪芬，沈晓冬. 低成本绿色水泥生产技术. 生态技术，2002（5）：23-25.

[24] 方德瑞、黄大能.工业废渣在中国水泥工业中的应用冶金渣处理与利用国际研讨会论文集. 1999：21.

[25] 黄书谋，吴兆正.关于凝石的几点看法. 中国建材，2005（9）：17-18.

[26] 吴中伟.高性能混凝土——绿色混凝土. 混凝土与水泥制品，2000，2（1）：5-6.

[27] 张开猛，蒋友新，谭克锋.生态混凝土研究现状及展望. 四川省建筑科学研究，2008（2）：152-155.

[28] 苏磊静，丁雪佳，雷晓慧，等. 相变保温建筑材料研究和应用进展. 储能科学与技术，2012（11）：112-115.

[29] 刘道春. 绿色环保涂料的种类与趋势. 住宅科技，2011（8）：47-51.

[30] 曹文达. 建筑装饰材料. 北京：北京工业大学出版社，1999.

[31] 郝书魁. 建筑装饰材料基础. 上海：同济大学出版社，1996.

[32] 韩冰.我国绿色墙体材料将如何发展. 市场展望，2007（2）：47-49.

[33] 曾相谓，崔宝凯，徐梅卿，等. 中国储木及建筑木材腐朽菌（Ⅰ）（Ⅱ）. 林业科学研究，2008（6）：783-791.

[34] 涂平涛. 木材与建筑. 北京：中国新型建材集团工程咨询，2008：60-65.

[35] 杜婷，吴贤国，方召欣，等.浅析我国绿色墙体材料的发展房型与途径. 混凝土与水泥制品，2006（4）：48-50.

[36] 江柱峰. 浅析绿色墙体材料的开发. 广州二建，2012：9-11.

[37] 王苏娅. 中国地板大全. 北京：中国建材工业出版社，1999.

[38] 王薇，倪文，张旭芳，等. 无熟料矿渣粉煤灰胶凝材料强度影响因素研究. 新型建筑材料，2007（12）：8-10.

[39] 王璐. 建筑用塑料制品与加工. 北京：科学技术文献出版社，2003.

[40] 宋中健，张松榆. 化学建材概论. 哈尔滨：黑龙江科学技术出版社，1994.

[41] 张书香，随同波，王惠忠. 化学建材生产及应用. 北京：化学工业出版社，2002.

[42] 符芳. 建筑装饰材料. 南京：东南大学出版社，1994.

[43] 严捍东. 新型建筑材料教程. 北京：中国建材工业出版社，2005.

[44] 任福民，李仙粉. 新型建筑材料. 北京：海洋出版社，1998.

[45] 温如镜，田中旗，文书明，等. 新型建筑材料应用. 北京：中国建筑工业出版社，2009.

[46] 叶林标. 国内外环保型防水材料的开发与应用. 建筑技术，2001，32（7）：442-444.

[47] 专题. 快速发展的绿色防水材料：TPO 防水卷材. 低碳世界，2009（9）：50-51.

[48] 韩世敏. 绿色环保型防水材料——JS 复合防水涂料及其应用. 中国建材，2000（8）：73-75.

[49] 牛光全. 绿色建筑防水材料. 中国建筑防水，2003（3）：31-32.

[50] 邵高峰，高延继，周庆. 绿色建筑防水材料及其发展. 绿色建材，2010（4）：17-21.

[51] 柴文忠. 绿色建筑与建筑防水材料的发展. 中国建筑防水，2006（1）：33-36.

[52] 李红权. 浅谈几种环保型防水材料. 山西建筑，2009，35（6）：196-197.

[53] 陈艳沈，祖峰. 新型防水材料的开发与设计应用. 科技风，2013（1）：86.

[54] 沈春林. 中国防水材料现状与发展建议. 全国第十一次防水材料技术交流大会论文集. 2009.

[55] 牟有峰. 彩色混凝土施工技术. 大连理工大学硕士学位论文. 2009.

[56] 何星华. 发展环境友好资源节约型建筑装饰材料. 建筑装饰材料世界，2007（2）：70-74.

[57] 李向政. 浅谈建筑装饰材料的环保改造. 科技创新导报，2010（8）：44.

[58] 程肖琼. 建筑石材的开发应用与绿色化. 广东建材，2009（1）：100-103.

[59] 韩小才. 建筑装饰材料及新型环保节能建材的问题分析. 科技创新与应用，2012（24）：211.

[60] 梁桂婷. 居室环保与绿色装饰材料. 广东建材，2006（11）：136-138.

[61] 潘景果，张焘. 论当代建筑装饰材料的绿色发展. 才智，2008（7）：31-32.

[62] 税安泽，覃东，张勇林，等. 论功能型建筑陶瓷的作用及其应用. 佛山陶瓷，2012（6）：11-15.

[63] 师奇松，刘太奇. 绿色环保木材用胶黏剂的研究及应用进展. 新技术新工艺，2011（8）：103-105.

[64] 丁丁. 绿色设计与木材. 江苏建材，2008（2）：38-39.

[65] 张丽娟. 室内装饰设计中绿色环保瓷砖特性分析. 美术大观，2012（8）：140-141.

[66] 曹春娥，王迎军，苏雪筠. 绿色陶瓷装饰材料的研究现状与展望. 中国硅酸盐学会陶瓷分会 2003 年学术年会论文集. 2003.

[67] 刘阳，宋学君，孙挺. 泡沫陶瓷的绿色环保功能. 中国陶瓷工业，2008，15（4）：28-30.

[68] 周子健. 浅谈建筑装饰中新型环保材料的使用及发展前景. 科技传播，2011（5）：55.

[69] 高伟光. 浅谈绿色建筑装饰材料及装饰材料的选用. 房产与应用，2004，32（4）：13-14.

[70] 张海青，王孝英. 生态建筑与建筑装饰材料的发展. 化学建材，2004，20（5）：18-21.

[71] 王华欣，安素琴. 浅谈建筑装饰中绿色超石材的应用. 中国新技术新产品，2010（11）：173.

[72] 蔡丽朋，赵磊. 时代呼唤绿色建筑装饰材料. 福建建材，2009（3）：34-35.

[73] 王立华．新型生态环保陶瓷透水砖及其应用．中小企业科技，2007（10）：93.

[74] 刘嘉．绿色环保代木材料发展趋势雏论．人造板通讯，2004（4）：6-7.

[75] 戚维忠，严妙陆．基于建筑工程的绿色施工管理．企业技术开发，2012，31（16）：106-107.

[76] 秦旋．基于可持续的绿色施工管理方法探究．建筑经济，2012（9）：88-91.

[77] 金放明，管际明．建设工程绿色施工管理浅述．建筑施工，2007（12）：918-919.

[78] 郝薇薇．建筑工程项目的绿色施工管理探究．黑龙江科技信息，2012（4）：320.

[79] 刘晓宁．建筑工程项目绿色施工管理模式研究．武汉理工大学学报，2010，32（22）：196-199.

[80] 鲁荣利．建筑工程项目绿色施工管理研究．建筑经济，2010（3）：104-107.

[81] 汪庆炎．绿色建筑施工管理与评价探析．现代商贸工业，2008（9）：147-148.

[82] 中华人民共和国建设部．绿色施工导则．建质[2007]223 号，2007.

[83] 暴雨婷．绿色施工管理措施探讨．绿色科技，2011（10）：181-183.

[84] 丁荣花，高明华．浅谈建筑施工管理创新及绿色施工管理．河南科技，2010（16）：20.